贏戰高峰

職涯成功八大祕笈

U0002983

丁志文、王俊涵、王證貴、吳玟瑭、吳美玲、林美杏、黃智遠、謝秀慧　合著

推薦序

追求生存、享受人生、創造價值

中華華人講師聯盟第八屆理事長／曹健齡

中華華人講師聯盟（簡稱「華盟」）今年（2018 年）又要出書了，這是「華盟」成立十二年來的第五本書，每本書都是老師們精彩的人生故事。

今年出書老師有八位，本人身為改制後第八屆理事長，我要鄭重向讀者推薦這本書。這八位老師都是我學習的榜樣，他們提出來的「成功關鍵八大祕笈」，大家一定不能錯過。

「華盟」創始會長張淡生老師曾經說過，人生有三個階段：追求生存、享受人生、創造價值。本書的八位作者，分別就這三個階段提出一些他們的人生經驗，供讀者學習借鏡。

第一階段：追求生存

有五位老師分別就「職場無敵」、「人際關係」、「面對壓力」、「身心戰力」及「創造財富」等議題，提出了各自的因應祕笈。

第二階段：享受人生

　　有二位老師分別就「美學生活」及「形象穿著」等議題，提出自己的因應祕笈。

第三階段：創造價值

　　有一位老師就「生命格局」的提昇提出因應祕笈。

　　「華盟」的使命：分享知識、啟發智慧。

　　「華盟」的願景：成為華人地區最具正面影響力的社團。

　　這八位作者都是具有使命和願景的人，本人再次鄭重向大家推薦這本書。

推薦序

翻閱明師祕笈，迎戰人生新高峰

中華華人講師聯盟創會會長／張淡生

「贏在高峰」是一個人一生中最重要的戰役，要在困境危機中脫穎而出，並持續在高峰中優遊自在，這八部祕笈是非常重要的寶藏！

本書集結了八個領域的重要名師，分享他們的珍貴智慧。不論從哪一頁讀起，都能吸收到不同的專業，而且這些專業對於不同年齡層的職涯人，都會有一定的助益。

例如我們可以從第一篇開始讀起，吳美玲老師分享了如何面對壓力的因應祕笈。的確，生命是一連串克服壓力的過程，生命也是一連串證明能力的過程。持續的克服壓力可以持續的成功，偶爾克服壓力可以偶爾成功，若永不克服壓力那就永不成功。碰到壓力來了時候，我們要有勇氣面對問題，有能力處理問題，有信心解決問題，當問題不能解決的時候就放下問題，所謂「隨緣要盡力」，盡力就隨緣了！

接著王俊涵老師則是「身心戰力提升祕笈」，所謂的戰力，的確可以從內心被喚起，一旦被喚起，那力量是無可限量的。當然，人有時候還是得讓自己休息，只有當身心靈充分休息，才能

儲備戰力再出發。

　　此外，形象相信不論是對社會新鮮人或職場老將都非常重要，形象是一個人的表徵，穿衣當然是一個人外在形象的圖騰，外在的條件優勢給人良好的第一印象，是最俱足的，如何包裝個人形象，穿出個人特色，吳玟瑭老師的祕笈提供很好的答案！

　　還有另外五本也是重要的祕笈，包括丁志文老師有關人際關係的因應祕笈、林美杏老師的職場無敵應戰祕笈、謝秀慧老師的美學生活快樂祕笈、王證貴老師的創造財富的祕笈，還有黃智遠老師提升生命格局的祕笈，相信任何一個祕笈，讀者若用心翻閱，必能有所悟。而若還想追求個別祕笈的更高境界，也歡迎透過書上提供的老師資訊連結和他們聯繫，做更多的學習。

　　學無止盡，但學習也必須要找到竅門，以及抓住正確的方向，本書的八位老師，正是學有專精，可以引領我們贏在高峰的重要導師。期待各位讀者在閱讀中找到新的指引，朝人生更高的境界邁進。

推薦序

透過「改變」贏戰高峰

中華華人講師聯盟第一、二屆理事長／林齊國

　　收到華盟曹理事長傳來的厚厚書稿，除了醒目的主標「贏戰高峰」外，吸引齊國目光的，是副標寫的「八大祕笈」；所謂祕笈，就是書寫者嘔心瀝血的作品，把自己獨門的武功和心法書寫下來，未來傳給有緣人，藉以延續這門功夫。我們何其有幸，在這近八萬字的書稿中，字字都是講師們的親身體悟，我們不需要真正經過那些艱苦的歷程，只需要花時間埋首書中細細品味，便可珍藏八位講師的獨門心法，這是多麼令人興奮的事！

　　這八大祕笈談的內容很多元，從心理方面的面對壓力、身心戰力提升、提升生命格局，到人際方面的人際關係的因應、職場無敵應戰，再到個人形象、美學生活，乃至於創造財富。正如同前言所寫，本書適用在不同階段的人生，包含畢業剛進社會的新鮮人、想要換跑道的職涯人，也包含在不同職域面對升遷、轉換部門或獨立創業等情境的人，無論您是處在人生的哪個階段，本書相信都能帶給您不同的體悟。

　　而齊國自己讀完這八大祕笈後，腦子裡瞬間浮出的，就是「改變」二字！

　　這八位作者說了這麼多，我們也看了老半天，如果讀完書後仍然是書上寫一套、我們做一套，那麼這些讀書的時間都枉然了。齊國認為最關鍵的，就是要督促自己「改變」，也許我們還無法做到 100％，但是唯有改變自己開始行動，才有機會朝向八位講師所寫的方向邁進，大家一起加油！

推薦序

讓高峰在握

世界華人講師聯盟第三任會長／陳亦純

美國某個城鎮 30 英里外的山坡上，有一塊不毛之地，地皮主人見土地擱在那裡沒用，就把它以極低的價格出售了。

聰明的新主人接手後，跑到當地政府部門說：「我有一塊土地，我願意無償捐獻給政府，但我是一個教育救國論者，這塊地只能建大學。」

政府如獲至寶的同意了，於是他把土地的三分之二捐給了政府。不久後，一所頗具規模的大學矗立在這塊不毛之地上。

地主在剩下的三分之一塊土地上，修建了學生公寓、餐廳、商場、酒吧、影劇院等等，形成了大學門前的商業一條街，他得到難以衡量的財富！

這個化腐朽為神奇的案例告訴我們：

1. 要獲得之前必先付出！

2. 頭腦轉個彎，天地何其寬！

3. 不必害怕 AI 時代的來臨，人性的智慧不會輸給 AI 智慧。

很高興看到中華華人講師聯盟今年的新書，這本書講的是如

何到達高峰之道。未來充滿挑戰和機會，挑戰是 AI 時代夾著 5G
來臨、老齡化登場、一帶一路擴張新版圖、臺灣新出路，機會是
憑藉著創意、靈活的想像力、心靈能力和全球化的適應力，有心
人可以在機會中攀登高峰！

　　「贏戰高峰」可以讓職場新鮮人、創業族、轉換跑道者得到
高峰的榮耀和果實！祝福大家！

推薦序

擴展生命視野，創造圓滿人生

脊椎保健達人／鄭雲龍

您想主導自己的人生，打開更多的可能性嗎？

您想破除限制性的想法，創造自己想要的結果嗎？

透過閱讀這本書，相信能找到您要的答案！

我從小就喜歡閱讀，但是我家並不是什麼書香家庭，沒有什麼課外讀物。記得上小學時，我最期待開學日發課本的那一天，因為我又有書可以讀了，我總是囫圇吞棗般的先把國文課本、歷史課本先讀過一遍，讀到沒書好讀了，就到附近土地公廟，看起《了凡四訓》之類的善書，直到後來能自行去圖書館，才開啟了我閱讀課外讀物的大門，豐富了我的精神生活。

原本以為平時沒什麼用處的課外讀物，等到自己成為講師，必須透過演說、寫部落格、錄製影片等方式，提供我的專業價值與觀點時，常常覺得自己文思如潮湧，此時才恍然大悟，過去閱讀那些課外書沒有白費。而在遇到人生充滿壓力的關鍵時刻，總能啟動「面對與挑戰」的心理機制，我想這些都該歸功於過去大量閱讀名人傳記的好習慣。

學習與閱讀已是我人生的信仰之一，高希均教授在其著作

《閱讀救自己》中說：「專業內內行，專業外不外行。」「內行」靠專業精讀，「不外行」靠大量閱讀。對我而言，慎選、精讀專業領域內的書籍當然是必要的，但大量閱讀其他領域的專家知識，更是不可或缺，因為與其他領域的佼佼者思想交流，更能從中建立自己的觀點與信仰。

很榮幸有機會為中華華人講師聯盟八位講師好友的共同著作寫推薦文，仔細閱讀本書之後，深深覺得在現今多元卻充滿壓力的商務環境，確實需要這樣的好書。由八位不同領域的專家提供八本祕笈，讓人們在最短時間內，得到最大的參考價值。

本書八位作者都是各領域熠熠有光的知名講師，透過他們的生命經驗分享，您將擴展整體的視野，建構全新的觀點來勇於挑戰、創造自己想要的人生！

推薦序

以身作則，自助助人，發揮正向影響力

北極星知識工作（股）公司董事長／嚴守仁

　　主編智遠老師希望我替本書寫推薦序，並寄書稿給我，我利用假期好好閱讀欣賞了八位老師的大作，深深覺得能夠取得本書並好好學習的夥伴有福了，因為這八位老師都是以他（她）們的生命故事在和所有的讀者對話，每一篇文章內容都彰顯了每位老師如何「以身作則，自助助人，發揮正向影響力」。

　　本書八項協助您轉型蛻變的祕笈，您可以依照自己的喜好或需要挑選閱讀，每一篇都記得要細細品味，好像和作者對話一樣。怎麼做呢？如果是我，我會先閱讀作者的簡介，先認識該篇文章的作者，然後再閱讀全文，並且邊閱讀邊寫下心得或眉批，並且思考作者在文章中揭露了哪些事實？他（她）提供了哪些觀點？我贊成或不贊成哪些觀點？我因此產生哪些啟發，覺察自己最想改變生命中的哪項議題（或習慣、狀態）？為什麼？我有多想改變（1 分到 10 分）？我為何沒有選擇更低的分數？如果改變成功了會得到哪些好處？這些好處為什麼對我那麼重要？每天可以怎樣應用作者所提供的修練方法或實用技巧，在實務的工作與生活上？

　　警覺是智慧的開端！閱讀本書正好是一次整理並反思自己生命的機會，如果您願意參考上述的閱讀策略，並好好思考每一個問題，相信您一定可以從每一篇文章、每一位好老師的生命故事中，得到新的感動、新的啟發與新的價值，而您透過用心閱讀參與對話，其實也是在重新反思並塑造自己的人生。

推薦序

師傳好書美名揚

百略學習教育基金會董事長／陳於志博士

華盟新書傲八方，

人生經歷不一樣，

明星隨身獻良策，

師傳好書美名揚。

推薦序

心智若對，幸福加倍

中華華人講師聯盟第七屆理事長／卓錦泰

「心智不對，努力白費，心智若對，幸福加倍。」在人生重要的轉折時刻，是不是很期望有高人為您指點迷津？

「盡日尋春不見春，芒鞋踏遍隴頭雲。歸來笑拈梅花嗅，春在枝頭已十分。」本書是八位高人的心血結晶，是能幫助您生命價值創新、找到成功之路的關鍵祕笈。

推薦序

助您開展並實現斜槓青年夢

中華華人講師聯盟第八屆祕書長／楊世凡

　　本書提升您成為全方位 π 型人才的競爭力，助您開展並實現斜槓青年夢，這是一本萬用手冊，一部薈萃大全，引領你收穫豐盛且平衡的美力人生。

　　生命轉角，遇見八位明師，收藏你目標設定與心願達成必備的案頭寶典。

前言

八大祕笈助你攀登高峰

站在人生的此時此刻，是否有時候感到害怕，但有時候又感到些許興奮？

當逆境來襲，或者站在人生的轉折處，你是否感到壓力重重，但又覺得這是新的機會到來？

你可能是即將畢業的學生，走出校門就要自力更生，想到即將迎向成家立業的種種目標。未來你的夢想是否實現，就看你下一步怎麼走？

你可能在一家公司服務多年，而今年是關鍵的一年，部門主管即將退休，你是接任人選之一，面對新的挑戰，你心中有些擔憂，又有些自我期許。

你可能從事某個行業多年，高不成低不就的，如今你有決心想要轉換跑道，但心中不免憂慮，就是那種既期待又害怕傷害的心情。人生總會面對轉折點，有時，是自己的決定；有時，是命運的安排。

曾經和剛被企業裁員的朋友聊，問他是否內心惶惑不安？他回答：「說不擔心是騙人的，但若說全然的不安，倒也不至於。

事實上，我還有些鬆口氣的感覺。」

鬆口氣？為什麼？

你是否也有過這樣的經驗，處在一家公司，每天度日如同嚼蠟，但因為種種原因，你就是一天一天的待下去。有天忽然公司被購併了，包括你在內的許多人被資遣，這時你反倒鬆了一口氣，因為當你猶豫不決還在拖延決定自己的未來時，好在上天已經幫你做了安排。**離職**，反倒讓你可以去正視新的未來。

當然，有的人是被命運安排，有的人則是自我抉擇。無論如何，人的一生總會面臨不同的轉折，每次的轉折不是提升就是跌落。但不論是提升或跌落，我想沒有一個人會希望這輩子這樣無風無浪的過去，那樣不僅太無趣，事實上，也不可能發生。畢竟人總要經歷不同的變化，就算工作不變化，年紀也會變化，一個人會從青年變中年，再從中年變老年，每次的變化，情境必然不同，心境也必然不同。

因此，人，必須轉變。

當**轉變**的時候，你是迎向新的高峰，還是跌落到失意的谷底？這時候，我想你一定需要可以裝備自己的致勝祕笈。

本書是由來自不同領域的優秀講師們合著，內容從八個層面

提供你碰到人生轉折時所需的祕笈。

這本書適用於不同階段的人生，包含畢業剛入社會的新鮮人、想要轉換跑道的職涯人，也包含在不同職域面對升遷、轉換部門或獨立創業等情境的人。這八大祕笈，剛好含括一個人遇見生命轉折時，所需加強自己的不同層面狀況。

📖 面對壓力的因應祕笈

這是每個人面對生活挑戰的第一課，不論未來走向何方，首先要讓自己面對此時此刻的壓力。

📖 身心戰力提升祕笈

當生命來到轉折點，不論是轉職或者創業，都是另一種形式的重新出發，此時不妨讓自己抱著「休養一下再出發」的心境，透過精油及身心靈的調整，做再出發的準備。

📖 全方位形象穿著祕笈

重新出發的你（或者以新鮮人來說，就是從零出發），面對職場或生活中的不同場域，該有怎樣的形象，才能有助於開拓未來事業呢？這裡有實用的教戰祕笈。

人際關係的因應祕笈

在職場上，人際關係好的人才有好的發展，不論是面對客戶或者面對上司、同仁。如何做好人際關係，這也是實用的祕笈。

職場無敵應戰祕笈

在職場叢林裡，免不了會遭遇各式各樣的挑戰，可能是爾虞我詐的職場，可能是百變多樣的社會需求變遷。無論如何，培養自己應戰的實力，是生存的不二法門。

美學生活快樂祕笈

生活不只是賺錢養家，不只是拚命衝事業，如果生活只是如此，那生命也太辛苦了。生活一定要包含快樂的層面，如何在日常生活尋找快樂，這是另一種實用祕笈。

創造財富的祕笈

等事業來到一個階段，人們最終還是希望過富裕的生活。富貴不單要看職場打拚，投資理財其實更能保障終身財富。理財大師將和大家分享這一部分的寶貴祕笈。

📖 提升生命格局的祕笈

最後，回歸到人生的省思，我們成家立業享受人生，我們也要建立自己人生的高度。做為八大祕笈的最後一個，分享的正是和你我自身存在相關的智慧。

登高山需要輔助，英雄屠龍更需要寶刀。每個人的出身背景不同，但人人都需要生命過得更好，人人都想要攀登生命中一座又一座的新高峰。

你現在處在人生的哪一個階段？是正要開始攀登新高峰，還是已經攻下無數山頭準備迎向下個山頭？本書的八大祕笈是你登高山的輔助，是你面對困難、挑戰巨龍的無敵寶刀。

願大家都能不斷再戰高峰，再創新局。

統籌編輯／黃智遠

目次

面對壓力的因應祕笈／吳美玲
在壓力中學習成長

身心戰力提升祕笈／王俊涵
休養一下再出發，天然植物精油提升身心靈能量

全方位形象穿著祕笈／吳玫璘
美是一種強大的競爭力

人際關係的因應祕笈／丁志文
讓人與人間交流更順暢

職場無敵應戰祕笈／林美杏
職能優勢再創巔峰

美學生活快樂祕笈／謝秀慧
在平凡中品味美麗

創造財富的祕笈／王證貴
錢滾錢的最高境界，財富自由超級捷徑

提升生命格局的祕笈／黃智遠
成為更好的自己

面對壓力的因應祕笈

在壓力中學習成長

授課老師：吳美玲

我們不一定每天會與家人朋友見面，也不一定每天會與工作夥伴或客戶相處，但有一件事，大部分人卻必須經常面對，那就是：「壓力」。

壓力可大可小，壓力感覺也會因人而異，但除非是天生超級樂天派，否則少有人不會面對壓力。

小的壓力隨時可能出現。有人怕蟑螂，看到房間出現一隻蟑螂，在蟑螂未「消失」前，他無法投入心力做任何事，這是壓力；電影再十分鐘開場，但車子還沒找到停車位，心中焦急，這是壓力；甚至看書中寫著，恐龍滅絕原因應該是彗星撞地球導致，於是心中開始擔憂會不會哪天有小行星撞過來，這也是種壓力。

但一般讓我們掩藏不住煩惱憂愁的，會是更大的壓力。業績不好擔心被裁員；夫妻關係冰冷，面臨離婚危機；家人被檢查出病症，煩惱長期醫藥費；公司資金周轉有困難怕撐不過這一季。這些，都是讓人憂煩倍增的壓力。

另外有種壓力是即時性的，例如被叫上臺講話，或被老闆叫去約談，甚至結婚擔任伴娘，也可能有人壓力人到前晚睡不著。

既然壓力如影隨形，躲都躲不掉，就讓美玲老師傳授大家面對壓力的重要心法祕訣。

第一課：認清什麼是壓力

壓力，不是一種絕對的概念，而是因人而異的概念。例如老闆要員工去接待外國人，新手會緊張到胃痛，老鳥卻一副老神在在，這是因為豐富經驗減低了壓力，甚至已經不算壓力。

在大會場合被點名上臺發表心得，有人頓時心跳加快，整個人慌了手腳，有人卻神色自如，甚至甘之如飴的上臺。這是因為人的個性不同，對原本就屬外向型的人來說，上臺講話本來就沒在怕的。所以當我們看壓力的時候，不是看發生了什麼事，而是看當事者的心態。

簡單來說，所謂壓力，就是當現實狀態與理想狀態發生嚴重落差的時候，當事人心中的感覺。

可以畫圖如下：

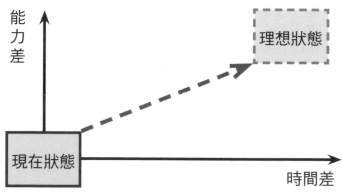

如圖所示，當理想狀態與現實狀態間，有時間差及能力差時，就會有壓力。

基本上，生命中所有事都和壓力有關：

一、以未來的觀點：

你希望的理想狀態和現在實際狀況不同，這就是一種壓力。

例如：

1. **工作壓力**：公司要求年度業績達五千萬，目前只有三千萬，這是壓力。

2. **目標壓力**：夏天要考研究所了，現在已是初春，你必須好好準備，這是壓力。

3. **生涯壓力**：預計六十歲退休，彼時需要有退休保障，這筆錢怎麼賺？這是壓力。

二、以現在的觀點：

已經發生在眼前的事，必須立刻去處理，這是當下的壓力。

舉凡要被叫上臺講話，公司資金發生困難，或家庭失和面臨婚姻危機等等，或許不是此刻就要發生，但卻是火燒眉頭、危機就要降臨的狀況。

撇開事情種類以及嚴重性不談，單單來談對一個人來說為何

有壓力呢？一定是以下兩件事帶給當事人憂煩：**第一就是時間不夠，第二就是能力不夠**。我們可以試著想想，每件和壓力有關的事，一定都跟這兩件事有關。

或許有人會問，害怕蟑螂是怎樣的壓力？這其實也是另一種形式的「能力不夠」，當然不是指你沒能力打蟑螂，而是你在心理上有狀況，這狀況只要帶給你害怕、擔憂以及種種負面的情緒，這都是壓力的表徵。

第二課：面對壓力的正確心態

壓力，一定會有，也人人都有。先不談如何處理問題，只講面對壓力時的心態。光是這個步驟，就決定很多人的一生。

聽起來似乎很誇張，但事實的確如此。

就好像從 A 地到 B 地，只有一條泥濘難行的路，不走就得放棄，如果一個人真的因此就放棄，那當然他的人生成就就非常有限。面對壓力最常見的兩種錯誤心態：

一、陷入情緒化的低谷

我們可以捫心自問，碰到狀況時，有多少人當下就可以擺脫

情緒？例如當你的車在路口與人擦撞，例如當你目睹你的女朋友正和另一位男孩親密的牽手，例如接到電話通知，卡費再不繳就將停卡，而你發現戶頭根本沒錢。當我們碰到這些事時，大部分人從小養成的自然反應就是抱怨、憤怒、遷怒他人，或憂傷、自責、陷入低潮，最嚴重的情況則產生身心症狀。其帶來的影響有：

1. 浪費時間，畢竟你再怎麼抱怨憂傷，也不會改變已經發生的事，只會拖延解決事情的進度。

2. 破壞自己的形象。原本只是發生一件煩惱的事，但過程中你暴怒、表現低 EQ，甚至言語傷人，於是本來和壓力沒直接相干的事也受到牽連，讓你的狀況雪上加霜。

3. 逃避退縮。這是極端的情況，遇到壓力大到不知如何解決的事情時，於是選擇放空，這裡的放空指逃避似的放空。於是人躲起來，甚至心也跟著躲起來（也就是發生精神狀況）。

二、不敢去做承諾

這件事甚至更糟。當壓力已經發生，那麼再怎麼糟糕的情況，不論財務、工作、感情或健康問題，終歸要去處理。這裡指的情況是，面對尚未發生的未來壓力，卻不敢承諾。例如工作有業績挑戰不敢面對怎麼辦？選擇離職，於是有人三天兩頭就想換

工作。學習碰上瓶頸怎麼辦？選擇曉課，選擇去安逸的地方躲在電玩裡，躲在毒品裡。

其實壓力是刺激一個人成長，可以說是人生不可或缺的一部分。一個人是否可以建立成功的人生，關鍵之一，就是他是否勇於面對壓力，並且在壓力中提升自己。

壓力一定是件討厭的事，就是因為討厭，所以才刺激你必須去「消滅討厭」。每個人都有過求學經驗，試想，如果沒有討厭的考試、討厭的升學壓力，你會強迫自己去學英文、背公式，取得將來在職涯上的種種技能嗎？

所以當面對壓力的時候，有三個關鍵的重要心態：

1. 不要逃避；
2. 不要長時間落入負面情緒。（人總有情緒，所以不要求完全沒有負面情緒，但不要陷溺負面情緒太久）；
3. 採取正面行動。

第三課：當壓力發生時如何因應

提起壓力，這是一種純粹個人化的事。如同前面說過的，當同樣一件事情發生，某甲和某乙的反應可能不同，某甲感覺大得

不得了，某乙卻不認為是壓力。因此，面對壓力時的因應方法，完全必須是針對「個人」的內心。

面對壓力時，有三個基本一定要做到的步驟，也就是將前面提到的三個關鍵心態，簡化成六個字：**察覺、接受、行動**。

一、察覺

當壓力出現了，自我欺騙是沒有意義的。但有時候壓力發生了，當事人只覺得一些身心上的不適，如焦慮、害怕等等，只有清楚察覺壓力源，才能進行後續的解決方案。

察覺壓力的三個來源：

1. 身體偵察

透過眼、耳、鼻、舌、身，我們可以感受到壓力。

不一定是某個事件，也可能是某種氛圍。例如我們逛街走到某個區域，發現周遭氣氛不對，身邊都是全身刺青、神色不善、奇裝異服的人，這時壓力出現了，你會感到不自在，於是採取後續行動，遠離這一街區。

2. 自我提示

壓力經常是來自己的感覺。要和異性朋友見面，擔心自己不夠體面；在工作崗位上，擔心自己實力不佳被淘汰。而對許多成

功人士來說，他們的壓力就在於設定一個想追求的目標，在目標未達到前，他們都會自我提醒，讓壓力刺激自己向前。

3. 外界訊息

大部分時候，我們的壓力源來自外界訊息。銀行打電話來催款，這是外界訊息；公司公布新制度，下年度起考績排名最後20％者要淘汰，這是外界資訊；其他包括鄰居耳語看到自己妻子跟陌生男人一起，或報紙公布某家公司出狀況，股票可能下跌等等，都是外界訊息。

二、接受

要先有察覺才能接受。若一個人過著得過且過的生活，刻意「忘記」他年紀越來越長、終有一天要退休的事實，那是刻意讓自己不去察覺，其實也就是不敢面對現實，選擇逃避。此外，雖然有句話說：「無知者最快樂，因為什麼都不知道，也就什麼都不用煩惱。」但這世界不會因為你的「不知道」就停止運轉，等事情終究發生了，就來不及挽救了。

當願意察覺，接著就是要接受。這個步驟也就是要「懂得處理情緒」。

處理情緒並不容易，例如眼看著曾經愛戀的人琵琶別抱，或

者手中握著的股票一夕間暴跌變成壁紙。這時候不是自我安慰幾聲，說要「勇於面對」、「勇於接受」就可以的。

這時候，若能找到生命教練開導，是很好的一種方法。從我擔任生命教練以來，曾經輔導過數百個案例。所謂生命教練，並不等同於心理諮商，心理諮商只是生命教練在面對個案時，一個進行中的環節，整個輔導過程，不但必須從頭到尾陪著個案走出壓力源，還要保持後續常態追蹤。

若不找專業生命教練，平常當壓力發生時，透過和自己最信任的好朋友溝通交流、抒發情緒，則是必要的做法。

情緒一定要釋放，逃避不對，隱忍也不對。有的人內心有情緒卻一直壓抑著，這樣不但會帶給自己身體傷害，久而久之也容易生病，壓抑過久的情緒一旦爆發，反倒會帶來更大的破壞。

三、行動

最終壓力要去處理才會解決。很多時候，壓力發生的當下，代表過往的努力不夠，所以才會發生理想與現實的重大落差，才會發生己身時間不夠或者能力不足。通常，過往犯的錯已來不及彌補，但至少可以做到的，從現在開始，不讓傷害持續加大。

此外，因為壓力帶來的憂慮，其實包含兩種。第一種是實際

的狀況，例如實際發生工作上、財務上的危機等等。第二種是假想的狀況，所謂的杞人憂天就是這一種。好比說當心兩岸是否發生戰爭？擔心自己會不會突然中風？這種預想式的憂慮，如同學者說的：「你所煩惱的事，百分之九十都不會發生。」

無論如何，必須行動。

以下是遠離憂慮的四個步驟：

1. 請理清擔心害怕的是什麼？
2. 這件事若發生最慘會怎樣？
3. 對於這件事我可以做些什麼？
4. 現在，我打算怎麼做？

例如陪家人看醫生，健檢報告出來，你的家人得了糖尿病。這時候你當然會煩惱，但再怎麼煩惱也不能立刻改變現狀。這時候，第一步先理清問題，家人得到糖尿病，但目前沒其他病症。

第二步，想想這件事最嚴重會怎樣？糖尿病若控制不佳，嚴重時可能失明、可能須截肢，另外為了治療可能需要長期醫療支出，再想到最糟的狀態，若失去家人可能失去一個經濟支柱。

第三步，既然健檢報告都已出來，但尚未發生最嚴重狀況，我可以做哪些事改善呢？於是要列一個清單，包括飲食該如何控制、健康上有那些注意事項，也包括財務上的規畫，保單怎麼

辦？這件事如何請家人一起幫忙等等。

第四步，有了清單後，心中有個底，比較不慌張了，接著就是一件一件去落實，開始訂出新的家庭飲食規範，以及接洽營養師等等。

任何壓力發生時都可以這樣做。此時若是比較假想式的壓力，好比有人擔心若小行星撞地球怎麼辦？分析結果是，若真的發生了，沒人逃得了，這種事只有上帝可以解決。如果大家都和你一樣，還有什麼好擔心的呢？

第四課：如何減少壓力發生

雖然壓力一定會發生，雖然人人都會碰到壓力，但其實碰到壓力也是有境界的。試想，對一個日理萬機、旗下有數萬員工的大企業家來說，他的壓力形式和一個普通上班族會一樣嗎？

大企業總裁煩惱的是新廠要蓋在哪裡、怎樣環保與經濟兼顧時，一個普通上班族可能光想到明天要打電話給客戶，就緊張到吃不下飯。

為何大企業家可以面對比一般人大很多的壓力呢？並不是他們的身體結構和常人不同，也不只是因為他們擁有的資源比較

多。當然，大企業家一定擁有很多的資源，所以對他來說，很多壓力已經不是壓力，但這是倒果為因的說法，大企業家是因為準備了很多資源，所以比較不怕壓力。我們如果想要減少壓力，那麼，必要的做法就是平常要好好準備。

所謂壓力的定義就是「理想狀況和現實狀況間的落差」，這落差越大，壓力就越大。

然而這個落差怎麼發生的呢？雖然很多事都是突發事件，但是落差那麼大，和平日自我修練有關。好比說，工廠發生資金周轉問題，某個客戶未依約付款，少了這筆應收帳款，公司現金不夠，明天若不存一筆錢到銀行，開出的支票會跳票。這種突發狀況是一種壓力，但當壓力出現時，每家公司因應狀況不同，若平常就有準備資源，壓力雖出現，但仍可以化解。

例如老闆平常就和許多企業建立很好交情，也維持良好信用，因此當發生周轉問題時，他打幾通電話，就有幾位老闆願意借錢協助他度過難關。相反的，另一位老闆平日沒交情，當發生周轉問題時，彼時打電話也都是吃到閉門羹。

如何減少壓力發生，平日就要準備好的三大備戰需求：

第一、提升自己；

第二、建立資源；

第三、建立人脈。

當能力與資源夠了，許多時候，壓力就不再是壓力，至少不再是很大的壓力。

這三大需求中，最基本的當然是提升自己。例如當老闆臨危受命要你去接待海外重要客戶，事情雖是臨時交辦，但能力可以平常就培養。包含培養足夠的外語能力，充分了解自己公司的產品，平日就時時關心公司的動態等等。

其實任何一件事發生，多少都有徵兆。公司不會一夕間倒閉、身體不會一夕間病垮、感情不會一夕間崩解到無可挽回。以公司臨時交辦的任務來說，雖然事先不知道老闆會派你去接待外國客戶，但若平常就在關心公司的動態，一定可以事先知道某某重量級客戶可能這個月會前來拜訪，也可以多少預測到自己可能會參與這次的任務。如果一個人接到老闆的命令交付時，竟會感到被「嚇到」，那就表示平常沒有做好準備。

建議的做法是從「今天」開始：

一、保持閱讀及吸收新知的習慣

有機會多去聽演講以及學習新技能。對於公司本職學能的訓練，那是基本的，自不在話下。對於各種其他周邊技藝，不論是烹飪、命理、陶藝等等，多學一定有益，哪天當特殊狀況發生了，可能就是你那些非本業的學習幫你一個大忙也說不定。

二、持續建立自己的資源

　　所謂資源，也就是狀況發生時的「支援」，包含人、事、物。例如你平常是某某學會的會員，當有突發狀況時，你可以會員身分第一時間去調取重要資料。或者你平日與人為善，在公司待人都是和和氣氣的，一旦哪天你需要援手，很多人都願意替你分憂。

三、積極開拓人脈

　　身邊的人脈永遠不嫌多，當然，這裡指的人脈是真正的人脈，是有互動的，你們會彼此交流的。單單叫得出名字或只是曾經一起吃個飯，這些都不能算是人脈。真正的人脈平日要深耕，要經常關心對方，不要等出狀況要拜託別人時才想到要關心，那時已經太晚了。

第五課：平日紓壓小祕方

　　簡言之，平日做好準備，當壓力發生時，也做好心態上的因應，從察覺、接受到行動，讓壓力帶來的負面影響降到最低。

　　這裡也分享幾個人人可以用的紓壓祕方。每個人面對壓力的

反應狀況不同，很多病症都是壓力引起的，如何減壓呢？

許多事日常生活中就可以做到：

一、控制飲食

飲食和情緒控制有重要關聯，平日我們該多吃未精煉的食物，也就是我們應該吃的是「食物」，而不是「食品」。少吃加工的食物，飲食要低糖低鹽低油，此外要多多攝取維生素高的食物，如蔬菜、水果，還要多攝取多麥纖維。

二、喝水很重要

不論夏天或冬天，每天要養成習慣大量飲水。就算沒感到渴也一樣，每口至少要引用 1500CC 以上的純水，至於含糖飲料，能不喝就不要喝。

三、建立正確的用餐習慣

三餐一定要正常，若因壓力而飲食不正常，只會讓壓力狀況加劇。建議可以找朋友一起用餐，如果可以和三五好友用餐，有助於身心放鬆。俗語說：「吃飯皇帝大。」若連基本的吃飯都充滿壓力，那活著豈不是很累。所以忌諱邊走邊吃、邊工作邊吃，或吃飯心不在焉只一味煩惱。當你把胃搞壞了，只會增加一個新壓力源，不會消除原本的壓力源。

四、運動可以減壓

　　這已被證實是很有效的方法，保持好的運動習慣，不論是慢跑、健身、打球。就算是下雨天，在家中做做伏地挺身、仰臥起坐等，乃至於在辦公室裡抬腿都很好。此外，一些結合身心靈的運動，在老師的指導下，學習太極拳、瑜伽、韻律舞、有氧舞蹈等，都對減壓有幫助。

五、正確的呼吸

　　呼吸也是需要方法的。可以以下述方式調整你的呼吸：

吸氣的時候：吸氣四拍，停四拍。

呼氣的時候：呼出六拍，停二拍。

　　以這種吸－停－呼－停的模式，採四－四－六－二節奏，有助減壓。

六、多與人交流

　　可以找信得過的朋友聊天，所謂「友直、友諒、友多聞」，和朋友分享心情，讓自己的煩惱抒發出來，而朋友可以提供多樣意見，也可以讓你感到原來毋需那麼煩惱。

七、與自己內在討論

除了與朋友聊天，也要常與自己聊天。所謂與自己聊天，就是可以將你心中想法寫下來，當你在寫的時候，同時也在思考，也許寫下來看看，你就會發現，問題脈絡比較清晰了。

八、放慢步調，讓自己休息

當我們書寫自己的心情，有時候會發現，原來問題沒那麼嚴重，其實只要稍稍放緩生活節奏，不要讓自己一直緊繃，加上適當休息就可以。畢竟人不是鐵做的，休養是必須的。

九、建立輕鬆的習慣

壓力來源時常來自於「趕時間」。如果我們刻意把手錶提前二十分鐘，讓自己做任何事都可以好整以暇，不要每天來匆匆、去匆匆，那對減壓會很有幫助。

十、展現自信

壓力和心境有關，當一個內心充滿自信，就比較沒有壓力。當比較低潮時，我們可以刻意裝扮自己，戴上最喜歡的首飾，或者撒些香水讓自己心情放鬆。

十一、居家環境整理

如果我們處在一個雜亂的環境，會讓壓力感更加。平常有時間，不妨好好的把家裡清一清，視覺上看到的是乾淨整齊舒爽的空間，會帶來輕鬆感。整理也包括自己的筆記，要知道，有時候記憶不可靠，我們要善用記錄、少用記憶。

十二、其他減壓建議

其他諸如學習冥想打坐、泡泡熱水澡舒放身心，以及很重要的一點，不要老把事情攬在自己身上，要懂得對不喜歡的事說「不」，才不會讓壓力上身。

今天，你面對許多壓力嗎？

也許壓力正是提升自己的重要關鍵。

就好像我們看到海裡的蝦蟹，每當碰到脫殼蛻變的時候，就是最脆弱的時刻。但只要度過一次蛻變，就代表著更加的壯大。

壓力會提升我們人生的境界。

朋友們，勇敢面對壓力，讓壓力成為我們邁向成功的另一個踏腳石。

老師簡介——吳美玲

在宜蘭出身長大，爸媽都是種田人家。身為長女，吳美玲從小不但要參與農務，還要協助照顧底下的兩個弟弟及兩個妹妹。

由於家境貧窮，加上傳統長輩有著重男輕女的觀念，因此當時求學並不容易。她八、九歲的時候就要下田，學業不是家人看重的事，父親甚至曾鄭重的跟她說，家中經濟不允許，所以她頂多只能讀到國中畢業，就要協助家務。

但吳美玲心中對未來有期許，雖然年紀還小的她無法具體描述那是什麼，但至少她知道不想要一輩子窮下去，所以爸爸對她的告誡，反倒刺激她要更認真讀書。於是原本成績普通的她，國三時成績突飛猛進，如今參加同學會，老同學都還記得當時的事，跟她說：「吳美玲，你很奇怪耶！國三的時候忽然變成資優生。」

這是吳美玲印象中，因壓力刺激而成長的一次重要往事。

畢業後，以美玲的成績要考上宜蘭高中不是問題，但她終究還是有經濟考量，選擇去念職校。帶點叛逆的她，不像一般女孩子選念商科，她念的是化工科。

高職時代是吳美玲很快樂的一段時光，也就是在那個時候，她發現自己有口才的天賦，她參加辯論社，擔任主辯。

然而在內心裡，當時的美玲壓力很大，小她一歲的妹妹，中學

一畢業就去工廠做工賺錢養家。相對來說，吳美玲這個大女兒只會花錢不會賺錢，這讓她在家中生活總隱隱有著被責備的陰影。

高職畢業後，吳美玲曾在工廠工作一段時間，每個月賺的錢都原封不動交給家裡。但日復一日的工廠生活並不是她想要的，她看著工廠裡的領班，心想，就算我再努力，十年後頂多就像領班那樣，同樣也是薪水低，工作沒樂趣，這不是她想要的生活。

她決定繼續念書，由於擔心爸爸反對，於是她在媽媽的默許下，偷偷的自修。她白天如同往常上班一般，一早起床騎車出門，其實卻是在羅東的圖書館念書，當年就考上了專科學校。

然而如同預料，爸爸不准她去念書，吳美玲絕食抗議三天，加上媽媽幫忙，籌了一筆錢給她，吳美玲才可以繼續念書。

在專科時代，吳美玲認識了現在的丈夫，等他一退伍，兩人就立即訂婚，隔年正式成家，育有兩女。

吳美玲原本畢業後在一家企業擔任基層員工兩年，後來去應徵一家企業想擔任檢驗員，雖然她的資格不符，但吳美玲憑著堅定的毅力，讓老闆對她有很深的印象，於是先錄取她當助理。過了幾個月，原本聘用的祕書離職，吳美玲成為這家大企業的老闆祕書，也學到很多企業經營管理實務。

為了加強實力，老闆推薦她去上課，就在那樣的課堂中，吳美玲得到很大的感動，她發現，原來學習是這麼快樂的事，當一個人

從不懂到懂，那種體悟是非常震撼的，她為此感激流淚。她也因此發現，她對這樣的工作非常有興趣，當時已經埋下她想當講師的種子。之後她持續進修學習，包括參與陳安之等名師的課程，吳美玲說，她的潛能在一次次的上課中被開啟了。最後她確認想要以此為職志，她確認她的地球任務，就是透過演講幫助人。

於是吳美玲創立了自己的公司，也積極的在先生協助下架設網站，是臺灣最早也是目前唯一一位，每次演講記錄都可以上網站查到清楚內容的生命講師。吳美玲本身多年來投入數百萬元進行自我學習，本身多才多藝，舉凡企管、業務、身心靈、紫微斗數、姓名學，乃至於有特殊的感應力，這也讓她的演講非常豐富充實。

她也經常在各種場合談壓力管理，她表示生命中會很多困境，但要學習如何讓自己走出來。每一次的破繭而出，都是人生一次新的境界。

至今，吳美玲的講課時數已經超過九千五百個小時，她的課程改變了成千上萬人。

基本資料

【現任】

- 2000 年迄今　悟心國際顧問有限公司總經理
- 2016 － 2018 年　中華國際領袖協會國際顧問
- 2016 － 2018 年　中華華人講師聯盟理事

【社團、經歷】

- 2015 － 2016 年　財團法人永約文化事業基金會執行長
- 2014 年　中華華人講師聯盟會員發展主任委員
- 2013 年　世界華人工商婦女企管協會臺北第二分會會長
- 2008 － 2013 年　世界華人工商婦女企管協會總會副執行長
- 2010 年　將庫訓練推廣中心發起人
- 2007 － 2008 年　臺北市健康扶輪社社員發展主委
- 中華民國習慣領域學會（第 3 屆）常務監事
- 臺北縣企業經營聯誼會創會會員
- 臺北縣榮指員協進會（第 2、3 屆）康樂主委
- 臺北縣女企業家聯誼會創會會員（第 2、3、4 屆副會長）

【授課場次】

　　企業內訓、講座、社團演講，統計至 2017 年，累計超過 2451 場，9559 小時，詳細內容請參閱 b-training.com 網站介紹。

【演講邀約聯絡資訊】

　　公司網站：tws.tw

　　美玲分享：twx.tw

　　個人網址：美玲 .com

twx.tw
吳美玲老師 分享園地

休養一下再出發，
天然植物精油提升身心靈能量

授課老師：王俊涵

你累了嗎？

這不只是電視的廣告詞，而是職涯生活中許多人會碰到的問題，可能你周遭的同事就經常喊著累，更可能你自己本身有時候也會感到疲憊。

累主要可分兩大類，一種是身體上的累，這樣的累還好解決，頂多休息一下就好了，除非是常態性的累，那就需要去看醫生了。另一種累比較麻煩，那就是心理上的累。有句職場上的專用名詞，叫做「工作倦怠症」，就是心理上的累。

工作倦怠症原因很多，依其表現方式也有強烈程度不同，比較輕微的，可能主管讓你放個假，來一趟長途旅行紓壓就好，但比較嚴重的倦怠症，可能根本已經厭倦了這家公司或這個行業，那就必須讓自己跳脫思維，休養後再出發。

然而人生的奮鬥是條漫長的路，動不動就感到累的人，會很難走得長遠。

當我們跑步感到累的時候，可以在路邊稍稍喘息一下，然後擦擦汗、喝喝水。但日常生活中感到累的時候呢？我們也要找方法，讓自己不但可以休息，也可以讓身心有所舒放。

古今中外，有許多和「累的療癒」相關的身心舒放方法，例如冥想、瑜伽、打禪、有氧運動、太極拳等等，在此我想從我的專業領域，談談植物精油與芳香療法。

第一課：找出興趣，認真的研習一門學問

你印象中的植物精油是什麼？是按摩紓壓時結合指壓的健康用品，還是心靈諮商中心那種讓空氣氤氳著芬芳的輔助工具？精油是女性保養化妝品的一種，或者是民俗療法的藥？

其實精油不只是草藥，擁有更廣泛的影響力。精油的使用歷史早在數千年前，是植物在演化過程中發展出來的防護機制，是純自然的能量。千年以前的人類，無意中從植物裡發現了這種能量，在古文明如古埃及、巴比倫、古希臘、羅馬及阿拉伯等，精油早已融入生活中。醫藥之父——希波克拉底（Hippocrates）曾說：「每日洗一次芳香浴，使用植物精油按摩，就會健康。」

法國化學家嘉德佛賽（Rebe-Maurice Gattefosse）在 1937 年出版《芳香療法》（Aromatherapie），「芳香療法」一詞被創造，啟發更多的化學家及醫生研究精油，並發表在許多醫學期刊中；1950 年，法國的 JeanValnet 博士對芳香療法極感興趣，二次大戰時，這位醫學博士成功的運用精油替傷兵進行內科治療。義大利蓋提（Gatti）、卡尤拉（Cajola）醫師藉由精油來研究心理影響生理的效用。到了現代，則透過更先進的科技，以更精細以及更嚴謹的流程來萃取精油。

我之所以擁有非常多精油知識，並且在芳香療法領域專研學

習，主要是來自於對芳療熱愛與興趣，以及我將會用一生來持續學習。

由於我自己也經常熱衷參與志工活動，在很多場合演講時，也會和年輕人分享職涯規畫，每當有學生表示對我在精油及芳療領域的成就感到敬佩時，我總會對他們說，你們也一定可以找到自己可以終身投入的專業。許多人會說，我不喜歡自己的工作、我有工作倦怠症、我每天起床想到要去上班都覺得很厭煩……，根本的原因，在於你沒有找到心靈可以寄託的地方，也就是沒有找到你的職場興趣。

當工作感到疲累，想要提振精神時，精油可以為你帶來身心舒適及放鬆。然而，如果 個人的根本問題在於尚未找到方向，那麼我會建議，請他好好休息一下，不是躺下來睡覺的那種休息，而是讓自己先跳脫自己所在的場域，好好思考自己的人生想要怎麼走？有句話說：「休息，是為了走更長的路。」對職涯來說，休息是為了要更認識自己，找到真正想走的路後，養精蓄銳再來重新出發。

有人問：「興趣是天生的嗎？」不是，興趣大部分都不是天生的。例如我熱愛精油與芳療，這是我的終身職志，但我卻是在快三十歲時才初次認識精油。一旦找到自己喜歡的領域，就希望可以精益求精，讓自己在某個領域先成為專家，接下來目標是成

為高手，乃至於宗師。

但年輕人絕不要在職場上一邊抱怨，一邊得過且過的虛耗光陰。總要自我尋覓，找到真正喜歡，真正一項你怎麼投入都不會感到「累」的事。

以我來說，和芳香療法的接觸，就是一趟自我尋覓的過程。

學商出身的我，原本在知名唱片公司服務，並且被賦予重任，獨當一面的在海外成立分公司，經年累月奔波在全球不同城市推廣產品。有一天，我覺得自己的成長來到了一個瓶頸，想要好好充電一下，於是暫離職場，去加拿大待了兩年，直到千禧年後才重回臺灣，2000 年因為工作關係初次接觸了精油。

由於我負責的是精油的產品開發及市場教育訓練，因此我開始研究芳香療法及植物精油的功效。

一開始，周遭的朋友也質疑我，精油香氣是否真的有像書上寫的一樣功效。抱持著一種對市場使用者負責的態度，我覺得我必須要更深入去瞭解精油這樣的產品，也就是在那個時候，我遇到了我的芳香療法的啟蒙老師——來自澳洲的瑪格莉特（Margaret）老師，她開啟我對芳香療法進一步的認識。

於是我開始並持續在芳香療法領域進修，在德國芳療協會學習芳香療法，並在 2004 年取得德國芳療師證照。之後又取得美國 NAHA 國際芳療師證照，此後再接再厲，我又繼續學習英國

IFPA 芳香療法的課程，2005 年在英國接受 Shirley Price、Penny Price 老師教導學習芳香療法知識，跟著英國老師 Dr. Robert Stephen 學習精油化學分子。

在英國學習之後，跟隨老師一起到法國普羅旺斯薰衣草園、快樂鼠尾草園及百里香園等學習植物精油的蒸餾及植物學；一年半的學習終於取得英國 IFPA 國際芳療證照。期間開始在臺灣及香港、馬來西亞、印尼講課推廣芳香療法，幫助很多想要瞭解芳香療法的朋友們。

我因為找到我的興趣，有了源源不絕的熱誠，這個職涯讓我時時保有充沛的活力。

第二課：認識芳香療法是一趟 自我尋覓的過程

我對芳香療法的熱忱，已經不只是找到一個喜愛的項目領域，而是結合了我專業的認知，找到自我的喜悅，芳香療法及使用精油，改變了我的人生。

從小我的身體就很不好，年紀輕輕就有頭痛和胃痛的毛病，同時免疫力差，非常容易感冒，總之就是三天兩頭跑醫院掛號的

那種藥罐子。由於長年和疾病共處，我身上一定要自備許多的頭痛藥及胃藥。如果哪天身上沒有帶藥，那整天都會缺乏安全感，心神不寧，並急著找藥房買藥。

甚至我住國外那兩年期間，每次買止痛藥都是直接購買 120 錠整罐大包裝，且指定要加強錠，也因為長年吃藥，身體已產生很強的抗藥性，需要大量的高劑量才能壓制病症。

2000 年初開始接觸芳香療法時，認識很多精油，我使用歐薄荷精油來緩解頭痛，加上每天早、晚使用提升免疫精油（如尤加利、茶樹、綠花白千層、香桃木等），或是使用柑橘屬的精油（如萊姆、甜橙、葡萄柚、佛手柑等）讓心情愉快，以純精油嗅吸並以按摩油稀釋後塗抹頸部呼吸道及胸口部位，也經常使用薰衣草、天竺葵、永久花等花朵類的精油放鬆身心壓力。

不到三個月的時間，發現頭痛頻率變少了，可能我胃痛的原因之一就是常吃西藥，因為自從減少吃頭痛藥之後，胃痛頻率也跟著變少了，很快的我就擺脫藥罐子。

18 年來我早、晚都會使用精油，每天跟精油及植物香氣做朋友，精油芳療的生活已經是我日常生活一部分。包括我在上課的時候，會用薰蒸方式將精油發散到整間教室，除了讓大家上課的精神提振外，大家也很明顯發現，原本有人喉嚨不舒服一直咳嗽，在尤加利、茶樹及歐薄荷複方精油佈滿的空氣中，不到十分

鐘的時間已讓他喉嚨舒暢，上臺講話也不再沙啞。

　　一開始，我只是使用精油，還不算深入認識芳香療法。後來透過不斷的學習及參加芳香療法國際課程，自我成長和鍛鍊，芳香療法國際認證不只是需要學習精油植物學、精油化學、人體解剖學、英式芳療按摩等，經過幾年的學習研究及實際體驗使用心得後，我考取芳香療法國際證照，後來因為課程需要，還遠赴英國、法國及澳洲作更深入的芳療研究。

　　芳療的學習，本身就是一個和身心靈成長相關的課程，我們學習芳療及認識精油，不只是去記誦各種精油的植物學知識，而是真的去體驗認識一支一支的精油，好比說薰衣草精油，就是實際去看薰衣草田，去觸摸、去感受大自然的神奇。

　　國際上的芳療學習體系，都講究這樣的深入認識，而我也在這樣的學習過程中，透過和大自然神祕力量的結合，發現自己精神能量有了很大的性靈昇華，並且能讓我在自我觀照中，探索原本隱而不顯的內心世界。

　　所謂「身心健康」，是說身體和心理都要健康，一般人比較會注意的還是身體健康，較少能夠觀照自己的心靈世界。特別是在忙碌的現代生活裡，人人忙於工作及身邊瑣事，更無法去覺察自己內心世界。

　　學習芳療的過程，本來就包括自我觀照的訓練。因為一支

精油可以帶給身心什麼樣的影響，除非你自己去「體會」，否則無法深入了解，更無法與使用者溝通。芳香療法的美妙，就在於精油的氣味可以喚起久被壓抑的知覺記憶。也就是在這樣的過程中，我竟然找到了自小多年胃痛的原始成因。

我印象很深刻，那一天是在法國普羅旺斯，白天在薰衣草田裡認識精油的摘採及薰衣草精油萃取的知識，晚上回到我們住宿的百年修道院。當學員們輪流上臺發表心得，輪到我分享時，我的心情本來還是雀躍的，但在臺上講著講著，我竟然不自覺的淚潸潸並放聲大哭。

當時並不是因為難過，相反的，當我流著淚分享，讓我的心靈得到很大的釋放，我得以真情流露，心情舒暢找到身心不適的起源。

原來我在芳療課程體驗中，找到我胃痛的原始成因。

在自我觀照的過程中，腦海清楚浮現出一個畫面，小學三年級的我，月考前一天因為胃痛不舒服，痛得在地上打滾，因此無法上學並請假在家。

但這還不是源頭，這只說明了我小學三年級時已經有這樣的宿疾。透過心靈探索，我的心中浮起了更早時候的畫面，記憶回溯到小學一年級。畫面很清晰，我看到自己坐在教室第一排，第一節下課時間班導師向我走來，導師身上清新的氣味我也依稀還

記得，她手中拿著透明玻璃杯，裝著八分滿的水和一顆胃藥，很溫柔的協助我吃胃藥。

老師無緣無故怎會叫一個小朋友吃藥呢？可想而知，那一定是我爸媽交代的。但爸媽為何交代老師拿藥給我？更多的畫面浮出，我記起 4、5 歲時，弟弟因患有白血球過多及不全的白血病長期住院，他經常處在生命危險邊緣，爸媽每天耗盡心力，照顧並關注著他。相對的，我這個姊姊就常常被爸媽忽略。

小小年紀的我覺得孤單，覺得家人都不關心我。既然生病可以得到關心，那我是不是也來生病一下呢？就這樣，竟然「心想事成」了，小學三年級我真的感到胃痛，我痛到哭著在地上打滾找爸媽，也真的得到他們的關心了。這樣的發現，讓我體會到「心想事成」的念力千萬不要使用在不好的事物上。

時光荏苒，成長後的我，早就忘了當年這些生活及事情。但胃痛卻一直糾纏著我，直到三十多年後，在法國普羅旺斯這個有百年歷史的修道院中，我才邊流淚邊回憶，一股腦兒宣洩出這段記憶。

第三課：學會找出問題的源頭

多年來，我透過芳療幫助許多的朋友。別小看小小的一瓶精油，背後卻有著深厚的根源，說是天地間之氣韻精華也不為過，精油真可說是大自然的禮物。

其實不論是東方還是西方，在古代就已經發現精油的神奇妙用，根源都和植物有關。在東方，發展出的是中草藥，西方就是精油。前者透過煎製，以口服形式並透過消化道吸收；後者則以吸嗅及精油與基礎油（如：荷荷芭油、甜杏仁油等）稀釋後塗抹皮膚，精油是透過皮膚滲入血液和淋巴等身體系統，及透過我們嗅覺的流程進入身體，東、西方植物使用方式不同，起源都是天然的草藥，都有藥用植物的效果。

我認為認識起源非常重要。

有人生病就吃西藥，但要有正確的服藥觀念。而如果不明自身症狀就亂服藥，長期服用藥物會出現不良的副作用，對身體是非常不好的事。像我就是長期服用止痛藥等西藥，造成我經常感冒生病，我一感冒就是一、二個月造成我免疫力變得很差。其他舉凡生活中的各種應用，好比說怎麼穿衣服？怎麼說話？乃至於怎麼選擇職涯，都跟起源有關。

在透過芳香療法並藉由精油幫助人的過程中，我協助使用者

找到源頭。有人說她頭痛，是怎樣的頭痛？是壓力大的頭痛，還是神經性偏頭痛？輔助醫療及整體醫學界有越來越多人認同身心的關聯性，我們對於外在緊張的情緒反應直接影響身體。緊張對身體的影響因人而異，有些人可能反應胃潰瘍或消化不良，有些可能是焦慮與失眠，還有一些可能形成高血壓。

保羅・班德醫生（Dr. Paul Brand）說過：「對於痛，我們不能只試圖『解決』、『消除』，更必須傾聽、管理。」透過認識芳香療法，也讓我懂得如何找到身心不適的起源。

很多時候，這個起源是來自心理，不是來自生理。

以我前面所述自己的例子，我曾經長年都胃痛，最嚴重時，同一天進醫院急診二次的記錄，經醫生檢查也查不出重大症狀。然而如今使用精油，並且在自我探索出源頭後，我已經沒有再有胃痛的狀況。

芳療課程中有個英國芳療師依芙・泰勒（Eve Taylaor）的案例，她有長年的便祕問題，不論看幾次醫師，總是無法治癒。後來透過芳療，她也尋覓到自己便祕的源頭。

她的源頭甚至追溯到更遠，當她兩歲的時候。原來，還是小Baby 的時候，每當她「便便」到褲子時，失去耐性的媬姆罰她光著屁股坐在浴室門口地板上鋪的椰子殼氈布上，小 Baby 的屁股是很稚嫩的，但氈布上卻有椰子殼小小的毛刺，小 Baby 被放

在上面非常的不舒服，但又無法表達。就這樣，她從小就將「便便」與「痛苦及處罰」連結在一起，導致她後來長大後，一直有便祕問題。

我常分享芳療精油的好處，但萬事萬物都一樣，好的東西也要用在「適合」的地方更有效果。

工作也一樣，一家企業的營運總是績效不彰，有的人建議買最好的電腦，或者採買最高檔的辦公室設備，但做了這些改善就代表公司績效會變好嗎？不見得，如果績效不彰的源頭是管理制度有問題，或是主管領導能力太差，或者是企業缺乏願景等等，總要找出源頭，才有辦法徹底解決問題。

對於自我管理也是如此，若不喜歡某個職場環境，先檢討真的是這家公司有問題，還是你自己的工作態度有問題？或者你還沒找到自己的生涯興趣？要找出真正的問題才有辦法對症下藥，否則就算換一家公司，問題仍然不會解決。

芳香療法引領我學習的事情還有很多，其實芳香療法精油也像是一種「文化」。想一想，為何我們去到不同的場所，好比說去誠品書店或者去夜市，會感受到不同的氣氛？工作場所也一樣，不同的公司有不同的上班氣氛，有的疏離冷漠，有的活潑熱情。那感覺就像我們在某間教室，薰蒸不同的精油，可以帶來心情的轉變一樣。

當我們經過花園的時候，會覺得身心舒暢，而經過垃圾場，就不禁要掩鼻而過。氣氛怎麼來的呢？這也是每個人可以思考的問題。如果一個人總是不快樂，那麼的確有種可能，他是處在一個他不喜歡的環境氛圍裡，就算再怎麼自我調整，也無法改變這種不舒服的感覺。

那麼，這就是需要改變的時候了。

🥷 第四課：芳香療法與精油的基本觀念及應用

接著，我來介紹一下芳香療法與精油使用的基本知識：

為確保在保養身心靈養生的效果，純精油的品質非常重要，因為人工合成或模仿天然精油的化學物質充斥在市面上，購買到不純的精油無法達到身心放鬆療癒的效果。

香水化妝品工業大量使用精油，推出很多精油產品，如香氛aromas、萃取品 isolates、合成品 reconstitutions 等，或以酒精或植物油稀釋後充當純精油等，這些產品都無法達到身心放鬆。購買時應認保商家學習過芳香療法，精油需有專業相關認證，以確保是芳香療法使用的精油。

何謂芳香療法？

藉助具有療效的芳香藥用植物，並取自植物的根、莖、葉、花、果實、樹脂等部位，萃取出精油為媒介。這些植物精油的「芳香分子」透過薰香（吸嗅）、按摩、泡澡（泡腳、沐浴）等正確的使用方式；精油透過鼻子經由呼吸道或經由皮膚吸收進入體內，達到舒緩壓力情緒與預防身、心、靈疾病，並可保健以增進身體健康的一種自然療法。

芳香療法是種另類療法，也是輔助療法，在英國護理界以芳香療法精油作為輔助療法，有非常多成功的臨床應用。

為什麼芳香植物精油能夠作為輔助療法？

精油是植物油腺體的細胞經光合作用後，藉由酵素將養分轉為芳香分子的精油，儲存在植物不同部位的腺囊中（細胞、絨毛或鱗片）；植物細胞經由新陳代謝合成不同的化學分子，精油保護植物避免病菌及昆蟲的侵害。植物精油含有很多天然成分，成分與組成分子間化學反應，精油成分從百種到數百種都有，精油產生的天然化學成分使得精油產生療效。

植物精油含有天然的化學成分，如真正薰衣草內含有酯類 35－45％、單萜醇40％、單萜烯7％、倍半萜烯3％、單萜酮4％、氧化物2％、醛2％、香豆素0.25％……，這些天然的化學分子

都各自有其正面功效。

如何運用精油做保健？

　　必須加強大家對自己健康自主管理的觀念，正確用藥觀念、增加自身健康知識達到促進自我健康；落實健康自主管理就是當身體有小狀況時可以自行先處理，來消除身體不適，以天然有效果的芳香療法精油自行處理發生的小症狀，可以降低或消除身體的不適，並達到預防的效果。

　　特別強調，有病要先由醫生確認病況，以免造成自己對身體病症的誤判。使用符合芳香療法的植物精油來保健，是天然安全有效的方式之一，當身體有不適的症狀時可馬上以精油來舒緩身體及心理的不適，輕鬆達到保健效果。

使用精油的方法。

　　保健養生需要使用品質安全有效的純精油。調和複方精油最溫和安全具有協同作用（Synergism）來達到增效的效果，最佳使用方式包括：薰香（嗅吸）、按摩、泡澡等等，藉此來達到舒緩情緒與身體預防保健。

1. 精油經鼻吸收

　　透過薰香、吸嗅方式來使用；最簡單的方式就是滴1、2滴

精油在手掌上直接吸聞；每天保健可早晚吸嗅精油，提升身心能量達到情緒放鬆的效果。

另外，在口罩外側使用 1、2 滴精油，對於呼吸道的不適有很好的效果；也可以自行製作精油噴瓶，以礦泉水或煮開過的水 30ML，加上純精油 13、14 滴，1 至 2 週內使用完，可以淨化室內空氣。

2. 精油經皮膚吸收

精油可以荷荷芭植物油稀釋後，用來按摩、泡澡（泡腳）是精油安全方便的使用方式。純精油濃度高，除了薰衣草精油外，純精油不可直接塗抹在皮膚上；精油是脂溶性物質，可快速被皮膚吸收，純精油需要調和基礎油（如：荷荷芭油、甜杏仁油……等）稀釋後做為按摩使用。

國外研究顯示，按摩可以促進真皮層血管擴張，增加精油的吸收效果，並有助於強化及延長精油療效；精油泡澡時，熱水的溫度有助於精油進入真皮層的穿透率。每天保健方面，可以早晚以稀釋過的按摩油，塗抹在身體局部，達到身心放鬆增進健康。

3. 其他

精油以吸入及外用的使用方式，經鼻吸收及皮膚吸收而進入

體內；精油為脂溶性物質，可被快速吸收；容易達到大腦藉由血液的運送化學分子很快就運送到腎上腺和腎臟。精油藉由吸入或外用，而不經過第一階段肝臟的新陳代謝（Price&Price1999）。

　　精油吸入或外用使用將藉由排汗、排尿、排便排出身體；通常健康的人排出時間約為 30 分鐘至 4 小時，肥胖及不健康的人，排出時間可能需要 12 至 14 小時。

使用精油有哪些注意事項？

1. 孕婦及孩童使用精油時劑量需減半使用，也需要選用溫和的油，如柑橘屬類的精油，但需要注意光敏性（塗抹身體後避免日光直射身體皮膚）。

2. 高血壓及癲癇症不可使用迷迭香、牛膝草等，孕婦懷孕前 3 個月避免塗抹精油，不可使用快樂鼠尾草、茴香等通經的精油；有特殊情況的人使用精油前，需諮詢專業芳療師。

3. 精油可以用來作為清潔口腔衛生使用，在清水杯中加入 1、2 滴的歐薄荷或茶樹，精油漱口水可以抗菌消炎及消除口腔氣味。

4. 英國及德國芳香療法組織，對於口服精油持反對態度，以我學習專業芳香療法多年，我遵守英國及德國法規不

口服精油,且依照臺灣的法規規範,並未核准更不可以
口服精油,是使用精油時特別需要注意的地方。

在家使用精油之要領有哪些?

1. 芳香療法對於懷孕及勞動的人非常有幫助,但只能依照
   合格從業人員的指導;孕婦使用之前,最好徵詢合格專
   業芳療師的意見。

2. 嬰兒與幼童必須稀釋使用,請用最低稀釋的劑量(1% -
   1.5%)。

3. 請將精油保存在深色不透光的玻璃瓶中,精油瓶罐請放
   在幼童拿不到的地方。

4. 除非經過特別指示,請勿將純精油直接塗抹在皮膚上,
   以免造成敏感不適。使用自己調配的精油時,最好先塗
   抹在小片皮膚上測試。請注意,特定藥物、緊張以及經
   期,都可能影響身體的敏感度。

5. 純精油絕對不能碰到眼睛,處理過後千萬不要揉眼睛。
   如果眼睛碰到精油,請直接使用基礎油(如荷荷芭油)
   或用大量清水沖洗,必要時請盡快就醫。

6. 精油具有易燃性,所以千萬不要靠近火焰。

7. 有些純精油可能會破壞塑膠或有亮光漆的木質表面。

8. 如果有皮膚過敏或其他過敏體質，請小心使用精油。使用前先小塊測試。對香水過敏的人，很可能也會對所有的精油過敏。

9. 如果對於上述事項有任何疑問，請洽詢合格的芳療師。

📖 精油與脈輪的關係

　　源自於古印度阿育吠陀（Ayurveda）是千年來印度傳統醫學及養生智慧，也代表著一種健康的生活方式。「脈輪」（氣卦 chakra）是人體能量場域的概念，七個脈輪對應身體的內分泌系統及身體臟器；脈輪掌管身心運作，分別對應著人體各大系統、特定器官與腺體；在心理方面則與情緒及精神方面相關。

　　當身體與自然氣場不調和時，人體的各項生理機能便受到阻礙，進而導致生病；使用合適的精油保養「脈輪」，有助於調理平衡該「脈輪」對應部位的身心狀況。

　　脈輪由下而上分別對應彩虹的七種色彩，運用植物精油的療癒能量，補充脈輪的能量與促進脈輪之間的傳導，能平衡內分泌腺體，釋放壓力，提升身體免疫系統；達到全方位身、心、靈之健康，回歸平衡的健康狀態。

📖 脈輪與精油的對應

1. 紅色海底輪──筋骨腰酸背痛及便祕問題

使用含有廣藿香、薑、岩蘭草、欖香脂、古巴香脂、甜橙成分精油，來舒緩及解除腰酸背痛、筋骨痠痛及便祕的問題，讓你安定心情。

2. 橘色性輪──月經前後、生殖系統及腎臟保養

使用含有快樂鼠尾草、玫瑰草、芳樟、絲柏、依蘭成分精油，來舒緩月經前後的不適（懷孕者不可使用快樂鼠尾草精油），讓你增加創造力。

3. 黃色本我輪──消化系統及肝臟保養

使用含有萊姆、檸檬尤加利、山雞椒、杜松、苦橙、藏茴香成分精油，可以解除胃部脹氣及保養肝臟消化系統，讓你持續擁有快樂情緒。

4. 綠色心輪──心肺功能的保養

使用含有依蘭、芳樟、天竺葵、永久花、安息香、佛手柑成分精油，對於心血管及胸悶，還有悶悶不樂的情緒有很好的保養效果。

5. 藍色喉輪——增加呼吸道防護力

使用含有天然氧化物的香桃木、白千層、藍膠尤加利、月桂成分精油，增加呼吸道的保護力，減少呼吸道的不適，讓你增加表達自信力。

6. 靛色眉心輪——頭痛及暈車處理

使用含有葡萄柚、野薄荷、鼠尾草、迷迭香、檸檬成分精油，可以快速處理頭痛及舒緩身體的疼痛問題，讓你的思慮清晰、頭腦清楚。

7. 紫色頂輪——幫助睡眠及舒緩壓力

使用含有豐富酯類的真正薰衣草、乳香、大西洋雪松、絲柏、沒藥、絲柏成分精油，具有鎮靜效果，可舒緩情緒並幫助提升睡眠品質，舒緩無法入睡等狀況，讓緊張的你情緒放鬆好心情。

結論：善待自己的身心靈，找出你想走的路

不管是在職場或其他生活場域，無論是和家人相處或參加社團活動，有時候難免會產生一些不愉快。但畢竟人是群體動物，

不能離群索居，我們必須透過工作參與社會，透過人際互動，加入不同的社交圈。

人們不快樂的原因，常常是覺得自己和別人不能契合。原因可能出在自己本身的問題，好比說明明本身不喜歡數字，卻去從事證券交易的工作；也可能出在外界的問題，好比說某個企業環境，就是死氣沉沉的沒有朝氣。

無論如何，不快樂只是結果，如果沒有找到不快樂的源頭，那麼盲目的轉變，最終可能還是一樣會不快樂。

透過芳香療法，我找到了自己的人生志趣，也探索了自己。

我勇於迎接人生的各種挑戰，也希望大家學會去探索事情的根源。碰到不快樂或者不順遂時，千萬不要陷入情緒低潮。若讓情緒牽引著我們，有時候是很危險的事，你可能做出錯誤決策，或是一時衝動意氣用事。

偶爾讓自己暫時下腳步，先不急著找答案。有時候靜下來聽聽心底的聲音，或許答案就在那裡。

無論任何時刻，想要讓自己放鬆，透過芳香療法，或者僅僅在室內使用精油，試試看，滿室充滿精油的香氣，會讓您彷彿躺在綠草如茵的草原，身心將得到無比的舒緩。

休養一下再出發，你會找到更快樂的路。

老師簡介——王俊涵

她的理念

王俊涵老師提倡芳香療法——平衡的身心健康。

真正的成功不是贏過多少人，而是幫助過多少人。

施者受益：從自己以善的力量，助人合作，推廣健康概念及正向積極的文化，並以團隊力量推動公益，以創造健康的身、心、靈。

「負面情緒會危害身體，須採取有效方式來轉化情緒。」現代人工作忙碌，快速的都市生活緊張壓力越來越增加，讓健康受到威脅，免疫系統下降，身心靈失去平衡機制，神經系統在長期焦慮狀態下無法放鬆，身體慢慢容易產生常見的狀況，如頭痛、失眠、胸口鬱悶、胃腸道不適、全身無力等，這些症狀易形成慢性長期的身體症狀，而影響生活品質及工作效率。

越來越多人瞭解到身心需要保養，各種天然健康自然的養生方式，像是芳香療法、運動、瑜伽、氣功、中草藥調養等，都是很好的自主健康管理方法，舒緩壓力的方式以先進國家如歐、美、日等，將芳香療法視為最佳選項。

芳香療法源自於古老的草藥療法，五千年來在埃及、希臘、羅馬、印度、中國都有跡可循；精油自古以來即是良好的身心健康維護用品，透過芳香療法使用精油安全、天然的癒療方式，來推廣自

主健康管理居家芳香療法知識及精油居家應用，幫助我們情緒上平衡，帶來全身性放鬆、舒緩緊張和焦慮，並減少壓力感，以提升工作效率，並為免疫系統帶來正面的影響。

📖 基本資料

【現任】

- 中華芳香推廣協會理事長
- 博展生醫事業股份有限公司總經理
- 中華講師聯盟認證講師
- 中華講師聯盟第十一屆公關行銷副主委
- 社團法人中華民國嚕啦啦社會服務協會祕書長

【經歷】

- 自 2003 年開始，於臺灣、香港、新加坡、馬來西亞、印尼推廣芳香療法
- 康寧大學企管科顧問
- 3481 地區臺北千禧扶輪社出席主委
- 中華華人講師聯盟第十屆活動副主委
- BNI 新都心商會第一、二屆財務祕書

【證照】

- 美國 NAHA 國際芳療師證照
- 英國 I.F.P.A. 國際芳療師證照
- 德國 FORUMESSENZIA 國際芳療師證照
- 澳洲 Australian School of Awareness(A.S.A) 芳療研習證書
- 體驗教育助理引導員培訓證書
- 英國策略動態分析師國際證照

【著作】

《家庭芳香療法》

【演講邀約聯絡資訊】

聯絡電話：0905-983-862

Email：sandraw6@gmail.com

中華芳香推廣協會網站：http://www.gcapat.org/

FB：中華芳香推廣協會

中華芳香推廣協會 LINEID：@hhs8259q

全方位形象穿著祕笈

美是一種強大的競爭力
讓玟瑭悄悄告訴您
三個頂尖造型師不外傳的祕技

授課老師：吳玟瑭

　　資訊世代，正在翻轉人類的歷史經驗，每個人都是複雜而多元的自媒體，公眾人物特別的需要形象管理，來塑造其獨特的風格。短促的 2 到 7 秒鐘，是建立第一印象的關鍵，有超過九成以上取決於外在形象。

　　玫瑰老師將解密頂尖造型師不外傳的三個密技，以及價值百萬的 10^2 穿衣、買衣神奇心法。讓您在關鍵時刻，藉由系統化的學習，有效率的學會裝扮概念與穿著技巧，在短時間內建構自我最佳個人形象，讓您的穿著像成功者，提高成功致富機會。應用藝術生活美學移轉心靈空間，透過美感、藝術，創造心靈富足、享受快意人生。

　　為什麼一樣的衣服、一樣的身材，有人穿起來婀娜多姿、清爽優雅，有人卻暮氣沉沉、精神不濟；甚至沒人注意到她的存在。有人精心打扮卻像路人甲，得不到目光的聚焦，這正是玫瑰老師要告訴您的核心問題：那就是用對顏色、穿對衣服，每個人都有專屬自己的色彩系統，了解這個色彩系統，就等於進入了衣著的天堂。

　　有人說美是主觀的判別，也是一種客觀的比較，美是放諸四海皆準的集體意識，有時美是表相的、一目了然，有時美是內在的、若隱若現。內在美需要經過較長時間的接觸、認知、了解之後，顯得比外在更美妙。常常被真心讚美的人，必然有其美善之

處；這裡我們所要談的是衣著之美，正是要把衣著之美表現得恰到好處，並非只是名牌、華服，而是恰如其分的因人、事、時、地調整衣著計畫。這需要靈敏的感知能力，而具有靈敏感知能力的人，必然也是善解人意、知人識人的好夥伴，因此容易獲得良好的第一印象，得到貴人提拔的機會自然較多。

 第一課：形象是種生活態度
——態度決定高度

※ 讓覺察成了生活習慣，您會發現運氣變好、貴人變多、收入變豐富

　　有形象需求的人注重形象，沒有形象需求的人容易放縱，注重形象是一種生活態度，而態度決定成就的高度。每當與陌生人接觸，通常從衣著、神情、態度判斷對方的身分，觀察對方的容貌，基本上是評判對方是否正派、親切、善意？身分不同氣質就是不同，也許我們無法完全評判，但大致上內心會做經驗值的評斷。可能只是一秒鐘，就決定我們是否敞開心門歡迎或採取警戒態度。

　　形象養成是一種生活態度，注重個人形象的人，就會細微留意個人的整體素質，這就是一種自我覺察。一旦自我覺察成了生

活習慣，您會發現人際關係變好、貴人提攜變多、運氣變好、收入變豐富，在職場上受客戶歡迎、老闆倚重、同事敬重。

　　一般人都以為形象是表面功夫，是做給別人看的。但事實上，個人形象營造歷程是通往智慧開啟之路，自我省察溝通是否得體、圓融、準確傳達，做事是否積極幹練、廉明正派，行為是否光明正大、信守承諾，心念是否慈悲良善。頂尖的個人形象營造是內外兼修，從內而外擴散出個人優勢特質，例如溫文儒雅、精明幹練，樸實內斂、活潑大方、優雅端莊、溫柔婉約、華麗高貴……等，再透過衣著搭配烘托個人特質，達到身心靈平衡、形神皆美的境界。如果我們能達成其中的任何一項，就算成功塑造了個人形象，如果全部達成那是神的完美形象。

　　有人說「自然就是美」，但其實這句話的原意是指讓自己「擁有自然風格的形象」，與周遭同頻將自然之美發揮到極致，並非邋遢放任。

　　每當總統大選時，在政見牛肉辯論會上，候選人的衣著形象往往比政見更受矚目。媒體用顯微鏡為大眾分析候選人的品味、性格、偏好，往往影響廣大的時尚圈，華裔設計師吳季剛就因美國前第一夫人蜜雪兒的青睞紅極一時。

　　當對一個人印象很好時，會願意給對方更多諒解，就算可能講錯話也不以為意。相反的，若對一個人印象不好，就會處處挑

對方毛病，反正就是心存成見，不想接納對方。所以說千金難買早知道，千金也難買第一印象。

想要在職場上勝出，積極態度很重要，面對老闆、客戶以及各部門的合作夥伴，形象雖不是百分百的致勝關鍵，但是若能擁有良好的形象力，就是積極態度的總體表現，會讓我們做人做事較為順暢。

請注意，若形象被否決，代表的意義很多：

1. 如果只是覺得你「不會穿衣服」，那還只是輕微的負評。
2. 若覺得你這個人「品味有問題」，那就比較嚴重了，已經否定了你的能力。
3. 若覺得你根本是「不尊重人」，那就更嚴重了。

這無關長相，無關貧富，而是有關你是否能「自我覺察」、「尊重他人」。

第二課：用形象展現出內在美

※ 設計的原始目的是以小搏大、增加附加價值、符合預期目標

只要有錢，人人可以去買件名牌服飾、名牌包包，配戴著珠寶，讓自己「BlingBling」的。但有錢就能堆砌出好形象嗎？有

錢的確可以讓形象加分，但這並不是必然結果，只是選項增多而已。也許一般上班族的購物預算只夠買十套服飾，有錢人卻可以買一百套服飾。但就算十套服飾，若懂得搭配設計，也能夠配出一百套得體的穿著，出色動人悅人悅己。擁有百款名牌、珠寶服飾的人若懂得搭配設計，將天下無敵。

況且還有一種美，可以為外在穿著加分，那就是每個人的氣質涵養。所謂氣質是什麼？非常的抽象，但卻人人感受得到。天生的美人胚子，搭配談吐優雅行為得體，自然會散發高貴的迷人氣質。就算是長相平凡的人，只要有一顆柔軟美善的心，就散發柔美氣質。即便只是穿一襲白衣素裙，也會讓人覺得樸實自然。如果懂得搭配設計，就會出色亮眼散發迷人風采。

但也不要誤會，氣質不代表書讀得多，氣質也不是就一定要溫文儒雅、溫婉嫻靜。氣質其實包含很多層面，書卷氣只是其中一種，當我們看到木雕匠師雕刻作品的神情，匠師可能只是學徒出身，但他透過作品展現生命拚搏的歷程，作品的生命張力卻讓我們感到震懾，這是一種藝術氣質。在商場上，我們看到有些企業家一出現就讓氣振全場，展現領袖氣質，那是從社會大學裡真槍實彈鍛鍊出來的氣場，是象牙塔裡教不出來的氣質。

他們的氣質，全都是散發自「內涵」。藝術家透過創作，將個人的熱情與靈魂熔煉成作品，所以讓人動容。企業家胸懷世

界，心中有寬廣的格局，因此眼中自然閃耀著大人物的氣度。透過適當的穿著搭配，可以為形象大大加分，這裡提到的設計與搭配包含正式儀式、會議場合、休閒運動。讓擁有高度影響力氣質的人，就算只是穿件普通的襯衫及休閒褲，依然時尚優雅，仍然讓人們仰慕，願意傾倒於他的專業魅力。

在職場上，專業幹練、處事圓融、優雅端莊、活潑善解固然重要，不論扮演任何角色，如何讓自己的形象內涵加分，需要衣著搭配激發形象與內在涵養的極大值，就是良好的第一印象。

- 懷抱著悲天憫人利人利己的智慧，眼神自然流露出慈悲寬容。
- 總是積極進取，能夠敏銳觀察時代脈動的人，表情會有一種幹練。
- 心地溫柔，能夠感受到天地萬物變化的人，整體來看有種優雅。
- 做事認真負責、不投機取巧、實實在在的人，形象就會寬厚令人信任。

閱讀對提升形象有幫助，多接觸藝術品、音樂、舞蹈、文學、書法、涵養美學也會對形象內化有幫助。擁有一顆好學、真誠、善意、敦厚、利他的心，是帶動形象最大的助力。

一般人或許以為形象可以偽裝，但從我的專業發現，一個人

如果注重形象，便是蛻變的開始，開始細微觀察周遭人、事、時、地、物的變化。像變色龍一樣，依場景需求，選擇出色或隱藏調整形象裝扮，最終將發現幹練而圓融、柔美而端莊、自利而利人、活潑而善解的個人形象特質會被激發出來，當然，這需要一位良好的形象導師才能迅速達成。

第三課：技巧可以透過學習而精純，靈魂一定要清淨而熱情

（圖：全球最大珊瑚媽祖　作者：賴威佑、吳玟瑭）

　　華麗的外表可以靠技藝雕琢，但激發美感的能量，絕對是來自更深沉的高頻共振。

　　我和先生投入藝術工作三十餘載，參與了許多國際的藝術盛事。包括大英博物館、京都美術館、故宮博物院、國立歷史博物館，都有我們的文創作品，並且有許多作品都成為長銷產品，依憑的不只是紮實的技藝，更重要的是我們洞燭機先，熱情投入。舉一個可以當我們代表作的例子，那就是位在南方澳進安宮的全球最大珊瑚媽祖。

　　南方澳漁港是臺灣東部最大的港口，從日據時代起就已在捕撈珊瑚。極盛時期，漁船多達數百艘，造就臺灣成為珊瑚王國。擁有北方澳兩百年歷史傳承的進安宮裡，有一尊我們製作的全世界最大珊瑚媽祖。

　　這尊寶石珊瑚媽祖神尊總重量為六百公斤，總高度為四呎八吋，約當一個成人坐姿的大小。進殿、安座時，掀起電視新聞及各大媒體眾多報導，更是宗教界的大事，當時的馬英九總統也親自參與主持安座盛典，這尊珊瑚媽祖就是玫瑰和夫婿賴威佑共創的精典代表作。

　　珊瑚媽祖不只是個雕刻作品，以製作過程來說，結合寶石珊瑚雕刻、金工創作、寶石鑲嵌以及嶄新的寶石珊瑚應用模式。很多細節，即便一般人看不到的地方也都不馬虎，花了很多心思。

包括底座紋路、冠飾的細紋，每處細節都融入宗教文化與吉祥圖騰的祝福，華麗的背後，深藏渾厚的文化蘊涵。當正式安座後，凡朝聖過的民眾，都驚嘆於祂非凡的美及親近感。許多人站在珊瑚媽祖的面前，如家人般，內心自然湧現出無限的感動，忍不住潸然淚下。

華麗的外表可以靠技藝雕琢，但這感動的力量，絕對是來自更深沉的高頻共振，那就是我們二十多年來，對全方位美感的淬鍊與心得分享。

這是全球最大的寶石珊瑚，幾萬年深海的沉潛，才成就今日因緣，何其有幸能參與珊瑚媽祖雕刻製作。在每個製作過程都法喜充滿，並且用影像記錄下每個步驟，將來可剪輯成教學影片。過程中運用二十多年來所累積的技能知識，完美的融入媽祖造像上。每一個紋飾都有文化意涵，每個紋飾部件都精雕細琢，滿滿的祝福融入雕刻之美，融入媽祖集體意識之美。

美對我們藝術工作者而言，就如同呼吸空氣一般自然存在，若能將靈性保持純淨，就能與天地感應。例如媽祖手持的玉旨令牌上，3.5 公釐有限厚度，可以浮雕出騰雲駕霧的五爪金龍，就像要從令牌破空而出。造珊瑚媽祖像彷彿只是呼吸一般的自然完成了。在製作過程中，就像一條修練之路，除了自己的專業，也結合其他各行各業頂尖好手。整合與協調就像一趟華山論劍，更

像自我探索之旅，總思考著如何讓媽祖更莊嚴、更圓滿，認真堅持對完美的探索。

在與廟方討論確認進殿時間後，發現還有許多可以讓整體更華美的想法，像是聚寶盆、貔貅包角、蓮花足承、牡丹底臺、蓮花貼片，都是在進殿時間確認後才增加的。為了讓媽祖更華麗莊嚴，只好犧牲睡眠，在最後的兩個月，每天只休息個把鐘頭，每次休息時間不超過30至45分鐘，超過一小時就會進入深層睡眠，縱使喚醒也無法立即進入工作狀態。

如此精誠不懈，成就了此生難得的代表作。到目前十年過去了，仍然滿心歡喜讚嘆這一切美好的存在。也因此連結、成就了另一件神奇的作品——太和鼎。這是一件融合天文、地理、人文、考古、藝術、神話，講述整個大東亞人類的文明，整個東亞的人類基因都在這個範疇，堪稱是一件前無古人、後無來者的聖物，2018年中將出一本全彩專書，來介紹這件太和鼎。

今天，全球最大最莊嚴的珊瑚媽祖，已經是臺灣之光，後來有媒體稱玫瑰為「文創媽祖婆」。我想要強調的不是我的成就，而是一件聖像的誕生，背後有許多人無私無我的付出，藉著我們雙手成就全球最大、最莊嚴慈祥的珊瑚媽祖。文化之美在於深厚的底蘊，若要散發出令人敬佩的形象，需要了解文化的集體意識之美。每個人對美的定義大同小異，往往反映的是個人美的經

驗，也就是美在其生命中的心靈滿足模式。攝影家眼中的美，是畫面中令人驚豔的光影，數學家認為微妙的數學公式是一種美，愛因斯坦認為美的更高層次存在於造物者的表現，他曾經說：「莫札特的音樂是如此的純淨美麗，反應出宇宙的內在之美。」

　　靈感的捕捉快如閃電，而靈感的孕育得花一生的時間。只要把藝術融入生活，不論行住坐臥，起心動念都是能量的積累。而藝術創作是一門沒有課表、沒有界線、沒有止境的學習過程，一旦看透了這條漫漫長路，便有一種透徹人生、明悟禪機的清淨感。不急不徐的漫步在這條藝術旅途，用生命的慢工去熬煉沉潛在心靈底層的光燦苗芽，技巧可以透過學習而精純，靈魂一定要清淨而熱情。

 ## 第四課：佛要金裝，人要衣裝

※ 魔鬼藏在細節裡，留意、留心點石成金

　　身為總統、跨國企業總裁以及各領域的典範人物，他們本身都已是成功人士，言行舉止也都獲得大部分人的尊崇。但在各種場合，也不敢忽視對形象穿著的要求。甚至比一般人更重視形象需求，因為他們是代表國家、企業的形象，不只是個人榮辱而已。

　　總統代表國家，總裁代表整個企業集團，若兩國元首相聚，他們的穿著都會被拿出來評論，因為大家都會覺得他們的衣著，乃至於身上的配件，都代表著隱藏「語言」，會被眾多媒體放大詮釋，透過媒體的力量散播出去。這樣的無聲之語，也暗示著兩國的友誼深度，甚或是否暗藏敵意。

　　曾經有某國的發言人，參與一個國殤的場合，他上臺慷慨激昂的陳詞，他的講稿充滿悲痛以及文字張力。然而這位發言人卻得到許多負面的評價，他被指責對死者不尊重，肇因於他當天，雖然穿著黑色穩重的西服，但卻打上一條花俏的領帶。亡者家屬早已忘記這位發言人當天講述的內容，卻一直記得他就是那個「在哀傷場合打花色領帶」的人，這對他的政治形象當然造成負面評價。

　　所謂佛要金裝，人要衣裝，衣裝分成主體與配件，有時候配件所帶來的影響力還比主體大。例如前述的那位發言人，就因為選錯領帶，受到負評。

　　歸根究柢，就是「魔鬼藏在細節裡」。試想，若發言人認真看待國殤這件事，他一定會將心比心，考量整個會場的情境，了解家屬的傷痛，也會留心打理合宜的穿著。而發生錯誤的這次情況，很明顯的，他只把這個國殤當作是「一個行程」，當作一件當天要完成的任務，以「跑場」的心境去面對，才會帶來如此的

負面結果。

　　用心真的很重要，就以我們製作珊瑚媽祖的例子來說，用心做好媽祖塑像本身，一開始就需要為媽祖的整體造型做好設計。從珊瑚媽祖本身的珊瑚膚色，與周邊金屬元素的整體營造，其他珠寶、珠串元素的整合，都要從一開始就要做好定位。

　　就如同明星的整體造型，從髮式、妝容、鳳冠、珠寶、配件都要做整體的搭配，讓媽祖看起來雍容華貴、慈祥典雅。每個元素環環相扣、緊密聯繫，就像曼陀羅壇城，充滿了能量與祝福元素。因此，珊瑚媽祖本身獲得的讚譽，不只是讚嘆於祂是世界上最大珊瑚雕刻而成的媽祖，媒體的頭版大標題，就讚嘆說珊瑚媽祖「宛如媽祖真身降臨」，用以解釋這難以言喻莊嚴華麗、慈祥親切的幸福感。

　　雕塑過程中就創作了前所未有的五鳳冠，搭配金雕工藝，打造富貴華麗的氣勢。仔細看，鳳冠上的五隻鳳凰造型各異，口銜珠串，各自代表不同的含意。媽祖金身，除了九龍浮雕吉祥紋飾以外，其餘平面的錦地以 99.996％的純金線條，摺成行雲。為堅持完美，製作的過程想睡覺、手抽筋還是不放棄，直到完美呈現。

　　另外，媽祖寶座的每個細節也都讓觀者充滿驚喜，金交椅左右扶手有魚躍龍門雕塑，象徵金榜題名。寶座交椅下面，還有一個象徵十全十美、用二十朵牡丹花造型製作的富貴聚寶盆。就連

媽祖金身的足承、底臺，也用富貴連年圖騰，細鑲寶石珊瑚紋地，整個珊瑚媽祖製作投入超過 1000 個日子，每次分享的時候都非常感動，為當下完美的堅持讚嘆不已。

佛要金裝，人要衣裝。不論金裝或衣裝，每個細節都要用心，也許一條領帶、口紅、鞋子，色系不諧調就會影響形象的營造。一個美好形象的成就，來自於主體與配件的完美結合，並且在每個細節都得留意。

多一分留心，就多一點形象加分，多一點形象加分，有可能就會影響面試成績、客戶下訂單的決心，以及大家對你的好評。

第五課：美是富裕生活的集體意識

※ 美是一種競爭力、一種積極向上的能量

如今九十幾歲高齡的英國女王伊莉莎白二世，是全世界最有名望的女性。女王形象的營造倍受肯定，透過出色的穿著，她成功塑造了自己的形象力。她的形象象徵著大英帝國輝煌的歷史，有時高貴典雅、有時親切慈祥，她的存在是英國人的榮耀，她的衣著象徵著英國人優質的品味、時尚、文化。當然這背後得有一群頂尖造型師，盡心竭力為女王設計搭配。出色的衣著，讓她被

稱為「彩虹女王」，因為女王的穿著有如彩虹般色彩亮麗，總是神采奕奕、充滿活力。

透過媒體，可以看見女王以豐富的色彩，因應多樣的場合，搭配不同的服飾，不僅高雅時尚，她的形象完美、精彩，讓人驚豔不已。從帽子、帽飾、領巾、大衣、胸針，乃至於手上拿的傘，都搭配得天衣無縫。可見，形象絕對是可以透過衣著來加強的，其中顏色更是亮點。

穿著舒服出色，讓自己開心，也讓周遭人賞心悅目。也許有人會說，我只希望低調，不喜歡太招搖，其實，穿著出色不等於招搖，穿著出色通常代表著品味、美感、協調。不論從事何種工作性質或生活習慣，協調、具美感都是自娛娛人的美好景觀。

法國巴黎的女性，是全世界公認最懂穿著的族群，因為巴黎是藝術之都、時尚之城，美是富裕生活的集體意識，儘管純粹家庭主婦，也有美的權力。

隨便穿著是社會缺乏美感教育的象徵，也是國力衰退的指標，當大眾放棄對美的追求，是多麼讓人憂心的趨勢呀！

第六課：頂尖造型師不外傳的密技

※ 在這裡玟瑭悄悄告訴你，頂尖造型師三個不外傳的密技之一

　　許多人都有一種經驗，出門的時候常常發現永遠缺件衣服、缺雙鞋，其實是因為對自己色彩屬性不了解的緣故。如果你了解自己的色彩屬性，依照個人色彩屬性採購衣服配件，包含髮色、顏彩、珠寶飾品，您便可以閉著眼睛，在衣櫃裡隨便抓套衣服都能穿著出色，這就是頂尖造型師不外傳的密技。

　　仍有許多造型師不一定了解這個密技，這需要非常精微的覺察力，有時候需要親自帶您上街走幾趟，才有辦法心領神會。所以每當出門的時候，發現頭髮對了、妝容對了、服裝對了、鞋子不對，這時找玟瑭就對了。把玟瑭的購物心法找出來，仔細的想想看，從一開始就要買對，閉著眼睛都能出色搭配衣服。

　　關於個人形象，有一個大多數人都會犯的誤區，就是認為只有在職場上才有形象的考量，其實只要是人就有形象的需求，誰說家庭主婦沒有形象需求。個人形象的起點，是從買衣服開始，儘管是貼身衣物，只要買對色系，穿起來就自然可人，顏色穿錯了，就會看起來沒精神、怪怪的。

　　運動休閒服也是形象搭配不可忽視的重點，許多生意都是在球場上、郊遊、咖啡廳談成的。休閒服講究個性與品味，正式場

合需要適合、符合場域的穿著，一樣的黑色上衣，就有冷黑與暖黑之分，有人穿來高雅親切，有人穿來嚴厲冷峻。

大部分的人買衣服的時候，都想讓自己看起來整齊乾淨有精神、舒適自在，只是無法在買衣服的時候，就買對了屬於自己的色系或款式。搭配的時候，髮型、膚色、妝容、衣著、鞋子、領巾、包包、珠寶都正確搭配的人少之又少。

一般造型師常建議最安全穿搭的方法，就是穿著灰、黑、白色系、大地色系或大家都在穿的顏色，看來像是故意隱身，其實是不得已。如果有足夠的能力駕馭彩色的衣服，還會再穿灰暗的衣服嗎？要駕馭豐富色彩的衣著搭配，需要較多的觀察力還有美學素養，或透過多年的經驗、專業的學習。

以職場來說，我們還是要追求出色，這也是對自己職位的一種負責。當我們站在工作崗位上與人應對進退，這時候我們已經不只代表自己，而是代表著公司，爭取公司最大的權益。

所以拜訪客戶，要讓客戶對自己印象良好、深刻。

做簡報的場合，要讓聽簡報者對自己印象良好、深刻。

就算在公司裡，也要讓老闆、同事對自己印象良好、深刻。

如何產生良好印象呢？我們當然不希望是「負面的印象」，若要得到「正面的印象、深刻」，就必須對自己形象下工夫。

1. 髮式造型

一般來說，從事業務工作者要看起來穩重幹練，男性宜留著梳理整齊的短髮，不宜留長髮。女性則是可以搭配套裝，彰顯獨立積極簡練的短髮、簡單馬尾或柔順長髮。

每個人的氣質形象各異，如何彰顯個人優質特性又不失專業形象，需要配合自己的工作型態，搭配專業髮型設計師的建議。美感、個性是共通的標準，朋友的意見也很重要，畢竟他們經常在你身旁，看得順眼也很重要。

2. 搭配協調

不論穿著什麼衣服，有些細節還是要注意，基本的兩大原則就是協調、自然。而穿著協調更是重要，要符合場合工作性質。隆重場合卻穿著Ｔ恤、牛仔褲，令人感覺突兀，就不會受到尊重，也就影響職場上發展的機會。

3. 出色穿搭

前面提到衣著穿搭成功的捷徑，是了解自身色彩屬性，再依屬性採購衣服配件。若能搭配造型專家，必能達到更合宜的效果。但對每個人來說，有個基礎概念就是：「協調之美，美是共通的無聲之語。」

學生穿搭就是優質學生的模樣——聰慧積極；出席貴賓雲集的場合，就要穿得隆重端莊。要讓自己穿得出色很簡單，只要彰顯自己特有的內涵，就會如明星般出色，但是懂得彰顯自己特性的人卻少之又少。

在媒體上可以看到，就算重金打造，不盡理想的人還是很多，例如每年的奧斯卡頒獎典禮上，毒舌的媒體總是如數家珍一一點名。

第七課：第一印象就被你吸引

※ 贏在見面之初、開口之前，2 至 15 秒決勝關鍵心法

專家表示，人與人初次見面，2 秒至 15 秒內就可決定一個人的第一印象，而這第一印象主要是對服裝的印象。

第一印象中，78％是視覺印象，色彩印象比重最大。如何做到出色搭配呢？在這裡玫瑰悄悄告訴你頂尖造型師三個不外傳的密技之二。

服裝概念與個人形象管理的關鍵解析如下圖：

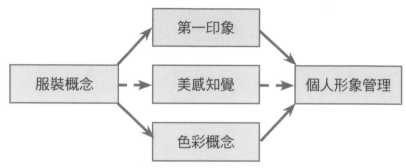

服裝概念與個人形象管理完全中介圖

在玫瑭的論文研究當中，經過問卷調查發現，服裝概念與個人形象管理並沒有直接的關聯，必須透過第一印象，色彩概念才能與個人形象管理產生直接關聯。一般人需要透過專業的個人形象管理，才能學會形象搭配技能。

這裡所謂的第一印象，是指經過社會文化、傳統、風俗、習慣給予個人經驗值，用以評鑑首次見面或陌生人的即刻印象。在2至15秒間透過視覺評斷，針對衣著搭配、儀容、態度產生的參考值，就是第一印象。

色彩概念有大部分是來自於社會風俗習慣、約定俗成的刻板概念。比如在莊嚴肅穆的環境不能穿著太花俏，在喜慶宴會又不能穿著一身黑。在日本人眼裡，白色是一種喜慶顏色，在中國卻是喪事主色，紅色代表大吉大利，在西方卻代表血腥。

美感知覺就是所謂的美感，通常透過美感，而達到形象搭配能力的人少之又少。大部分需要透過專業的學習或長時間的經驗值，才能達到個人形象管理的技能。

 ## 第八課：成為眾人眼中最出色的亮點

※ 在這裡玟瑭再悄悄告訴你頂尖造型師三個不外傳的密技之三

在運用上再分成兩部分：黃光系、白光系。

口訣：黃光配黃金、白光配白金

也就是說，我們每天出門前，搭配當天要出席的場合，先決定服裝。例如出席會議場合要穿著正式套裝，參加宴會則是高雅的禮服。接著決定今天的衣服色彩搭配，錯誤的搭配會讓整個人造型不協調，甚至顯得掉漆。因此一般建議，若選擇一個主色系，相關的配件也要屬於同光、同色系。

當然，符合個人屬性色系，是衣著搭配概念的不二法則，方能彰顯時尚美感；但仍要搭配造型剪裁的優勢，讓優雅時尚的您成為注目焦點。

此外，每個人的膚色不同，所以適合每個人的色彩屬性也不同。一個人若選到符合自己膚色色系的服裝，會讓整個人看起來

更加美麗動人（當然，男仕們看起來更加帥俊有魅力）。但若搭配的色系不對，則會讓人顯得黯淡。

例如皮膚非常白皙的人，搭配正確的藍，可以襯托嫩白肌膚，但若搭配錯誤的藍，卻會讓整個人看起來沒有血色。同樣是藍，就可以分出許多的色度。對於自己專業形象很重視的人，不妨找一位專業形象設計師，為自己做造型建議，對於工作推展會帶來正面的效果。

所謂形象，絕對是內外兼修。不可能對外形象不好，對內自己感覺良好，終究，別人對你的觀感，會透過他們的反應回饋給你，這時候就一定會影響到心境。所以形象不好的人不只對職場發展有影響，也會讓自我信心降低。

形象需要營造，很像自我修練，造型師像導師，師父領進門，修行在個人。頂尖的造型師可以發覺你的個性美感，而內在涵養大部分需要靠自己，就是自覺、自律以及自我成長。

形象之美是彰顯自我整體特質，當一個人自覺於自己對社會的責任、生命的神聖意義，自然就會去充實自己。

他會懂得自律，透過學習讓自己成長，因此散發出來優異的氣質。人要衣裝，這方面則透過專家打理，讓自己穿著更得體，形象更加分。內外兼修帶來相加相乘的形象效果，這就是 100 分的形象了。

老師簡介——吳玫瑭

基本資料

【經歷】

- 中華民國技術士美容乙級證照及講師
- cwp 時尚婚禮企畫師乙級證照及講師
- 臺灣職能評鑑新娘祕書整體造型師乙級證照及講師
- 國際禮儀接待員乙級證照及講師
- 中華華人講師聯盟認證講師
- 第六屆第八屆財務長
- 中華民國健言社講師
- 社會大學講師
- 臺灣珠寶金工創作協會常務監事
- 中華國際人文素質文教協會副祕書長

【參展經歷】

- 2017 年　梅樹月藝術家聯展
- 2016 年　山東濟南文化藝術展臺灣館名家邀請展
- 2012 － 2016 年　新北市市政府市府藝術家聯展
- 2012 年　臺灣珠寶金工創作協會——再飾為寶聯展

- 2011 年　新北市市政府市府藝廊三峽藝術家聯展
- 2010 年　新北市登錄為三鶯區藝術家暨導覽地圖
- 2009 年　南方澳進安宮寶石珊瑚媽祖雕刻製作
- 2008 年　南京博物館臺灣當代藝術家邀請展
- 2007 年　國立傳統藝術中心金工名家創作邀請展──臺灣金工大展
- 2006 年　臺北車站文化藝廊「新心璀璨」金工創作展
- 2005 年　行政院文化藝廊當代藝術家邀請展
- 2004 年　國立工藝研究所金工藝術家展
- 2003 年　大東山寶石珊瑚美術館「雕之飾」雙人展
- 2002 年　臺南文化局文化中心金工藝術家邀請展
- 2001 年　國立工藝研究所金工藝術家邀請展
- 2000 年　鴻禧美術館現代珠寶金工名家邀請展
- 1999 年　國際會議中心藝術博覽會名家邀請展
- 1998 年　國立歷史博物館「佛雕之美」特展委託製作
- 1997 年　國立故宮博物院「雕塑別藏」特展委託製作
- 1997 － 2000 年　國立中正藝廊名家邀請展
- 1995 － 1999 年　臺北國際珠寶展設計師邀請展

【演講邀約聯絡資訊】

LineID：0911223383

Email：sy0911223383@gmail.com

吳玟瑭
衣著顧問群組

微信

人際關係的因應祕笈

讓人與人間交流更順暢

授課老師：丁志文

　　生活在一個團體的社會，我們每天的所作所為，無「人」就不行。

　　沒有人，我們有再多的專業，手中擁有再好的商品，要服務誰？要賣給誰？

　　沒有人，我們追求美好的生活，所有的吃喝玩樂，生命各種需求要從哪裡來？

　　但也正因為凡事都依賴人，於是我們不能一心只想「做自己」。我們不能手中握有一個計畫，然後就「命令」別人照辦，就算是身家數百億的企業集團總裁，或位居廟堂之上的領導人，也無法用「一言堂」控制這個世界。必須各部門溝通，必須體察民意。

　　在一個團隊裡，就算我們覺得自己學富五車、身懷絕技，高於所有團隊的人一等，我們也必須依照團體的遊戲規則辦事。走在社會中，就算身上擁有再多財富、手握多大權力，想要在人群中恣意妄為，也是無法被社會接受。

　　因此，與人交流、與人溝通，不是生活中的選項，而是生活中的必須。

　　然而這樣的必須，卻有人無法做好。

　　有人明明工作能力強，做事也認真，但卻因為不懂溝通，難以升遷。

有人讀了很多書，腦海裡有很多想法，但這些想法卻無法透過交流正確傳達出去，最終他只被視為一個怪人，沒能創造什麼成就。

家人之間或情侶之間相處，本來大家都是好意，不知為何，卻一天到晚老是吵架，到最後，再好的感情都吵得失去溫度了，令人遺憾！

所以說，人與人間如何相處，如何溝通很重要，當一人其他的特質，諸如工作專業、道德品格、做事效率、基本儀態等都很優良，若在人際關係這一環分數較差，那麼他的人生發展是難有突破的。

第一課：真正的溝通要以達到目的為依歸

提起溝通，大家通常會認為這有什麼難的？只要會講話，大家都可以溝通。就算不懂英文，一個小學生也可以憑一些肢體語言和外國觀光客交流；就算天生聾啞，也可以依靠手語或書寫達到兩人基礎互動。溝通，有什麼難？

然而，就是因為這樣的錯誤認知，讓很多人在職場上吃虧，如果是被公然拒絕，那比較明確，最怕的就是吃了「悶虧」被排

擠了，都還不知道原因。探究源頭，可能就是一開始自己講話傷到人，自己都不知道。

要先理清一件事，什麼叫「溝通」？

溝通就是要表達自己的立場，讓自己的訴求成功嗎？碰到對方專業比自己差，或者對方比較不擅言詞，是否就代表自己的溝通就一定「占上風」？

話說回來，所謂溝通，有所謂「占上風」這回事？如果雙方是在辯論，那當然可以「占上風」，但溝通等於辯論嗎？

有一個很重要的觀念：與人交流，是要「做對」，不是「作對」。

道理簡單，但許多人卻不一定做得到。

舉個例子，有甲、乙兩個業務員，負責銷售某型新發明的智慧型洗衣機。他們分別拜訪兩戶人家，當他們辛苦講解完設備的功能，也分別被兩戶屋主嗆聲質疑。屋主們表示這臺機器不實用，不如傳統的洗衣方式好。

這時候正確的溝通是什麼？是要「做對」還是「作對」？

1. 作對

聽到來自屋主的嗆聲，甲業務員於是據理力爭，和屋主爭鋒相對的辯論，針對屋主指出的缺點，甲業務員一一的辯白。他用很專業、很自信的語氣，指出屋主的錯誤，矯正屋主的觀念。並

且他很洋洋得意，因為屋主最後似乎被他辯到無話可說了。但辯論贏了，訂單得到了嗎？並沒有。屋主最後禮貌的說聲再研究看看，但實際上已經下了逐客令。之後，甲業務繼續拜訪很多客戶，一整天下來，一臺機器都沒賣出去。

2. 做對

相較於甲業務的做法，乙業務一開始也是被嗆聲，說機器種種的不好，乙業務畢恭畢敬的回答：「唉呀！你真是專業，我很少看到那麼懂衣服的人，難怪看你的氣質就是很有智慧的樣子。」屋主被捧得飄飄欲仙，接著乙業務反過來請教屋主，他平常怎麼洗衣，並且邊聽著屋主怎麼說，邊認真的點頭。

之後屋主也承認，的確傳統的洗衣方式不是那麼方便。這時候乙業務適時切入：「對啊！你這方面的專業，如果可以再搭配一臺好機器，相信可以讓你家的衣服洗得更乾淨，也讓你做事更方便。」整個過程，乙業務雖然擺出低姿態，甚至自己產品被罵也沒多做辯駁，但最終他將機器賣出去了。

後來也因為屋主幫他介紹鄰居，結果一整天下來，他光在同一街就賣出多臺機器。

以本例而言，乙業務做到溝通了，因為他達到了他的目的。

畢竟溝通只是一個過程，若結果沒達成，過程誰輸誰贏就不重要了。乙業務成功銷售產品，他「做對」了。相反的，甲業務明明很專業，又很保護自家產品，對公司負責，同時他也夠勤勞，一家一家拜訪了客戶，最終卻一臺都沒賣出去，因為他和客戶處在「作對」的狀態，結果就無法把事情「做對」。

也許大家會好奇，只是表達自己意見，為何就是「作對」？這就是人們經常以來的迷思，以為溝通就是把「自以為是」對的事情傳達。

第二課：溝通需要學習

孔子曾說：「知之為知之，不知為不知，是知也。」

這句話傳達了許多人明明不懂卻要裝懂，還不如知道的部分就說知道。如果不知道的部分誠實的說不知道，這樣老師才懂得該如何傳授。然而現實生活畢竟不是校園，於是就有很多溝通模式，有的人「自以為知道，其實不知道」，有的人「知道自己不知道，但硬要假裝他知道」，還有的人「明明自己知道，卻為了某些原因要說不知道」。當不同的人處在同一環境時，例如家庭或職場，那麼就會產生溝通問題。

　　為何男女朋友會吵架？為何夫妻失和？為何有辦公室紛爭？範圍擴大來看，為何社會上會有那麼多的爭執？歸根究底，就是溝通出問題。但這之間誰對誰錯呢？就好比前面的案例，甲、乙業務都懂自己的產品，但介紹的方式不同，誰對誰錯呢？

　　所以溝通絕不是把「自認為對的事情」傳達就好，原因有以下幾點：

1. 可能你說得對的，但對方也沒有錯。

　　因為是站在不同角度來看事情，比方養狗，狗是人類最好的朋友，可以幫忙看門，但也有人說養狗會吵到鄰居，並且會隨地大小便汙染環境。這件事沒有誰對誰錯，因為等於是在講一件事的不同面向。

2. 可能你說的事情有部分對有部分錯，對方也是如此。

　　最典型的例子就是瞎子摸象，一個人摸到象腿，就說大象像樹幹，一個人摸到象尾，就說大象像條繩子。兩人都只是摸到真相的一部分，這時候再怎麼吵下去，也永遠沒結果。

3. 可能你說的事情對，但對方對你的解釋不同。

　　例如你的企畫案被某個廣告大師拿去看了，但被大幅修改送回來，你原意是想表達自己的東西，非常受看中，連大師都拿

去看了。但對方只聽懂你的東西被修改了，表示你的東西是錯誤的，因此他對你的能力大打折扣。

4. 可能你說的事情對了，但這不是對方關心的重點。

　　這種情形是最常見的。好比一個男孩穿著帥氣的西裝，帶著新認識的女孩，以很專業的口吻，向她導覽這個城市的文化，男孩以為女孩一定會被自己的風采迷倒。但女孩心中想的卻是：「這男孩好自私，都不關心我走路累不累，有沒有肚子餓？」

　　以上只是幾個例子，事實上，溝通的排列組合還有很多，而人與人間的不愉快，包括情侶會成為怨偶，認真的員工老是得不到上司賞識，很多時候都是出在溝通。特別是自以為自己沒問題，這時候才是最大的問題。往往是因為這種態度，讓對方覺得「再溝通也沒意義」了，最終造成分手或不歡而散的下場。

　　但你錯了嗎？是的，你錯了，但錯的不一定是溝通的內容，而是溝通的方式。

　　所以溝通是一件需要學習的事，不是口才好的人才能溝通，有時候口才越好反而越不懂得自我反省；也不是所謂「得理」的人就可以溝通，很多時候「得理不饒人」者反而會讓人厭惡。

　　虛心承認自己溝通仍需要學習，才是開展良好人際關係的重要關鍵。

第三課：人與人間如何正確溝通

我們都需要依賴另有一個人才能行使團體生活，我們要依賴不斷的溝通，才能讓自己生活更好。

為此，我們每個人要先靜下來認清兩件事：

第一、不要以為自己總是對的，所謂的對與錯，往往不是那麼絕對。

第二、溝通要視「對方」而定，不同的對象，代表不同的背景，你就必須調整不同的溝通模式。

注意，人們是活生生的個體，不是機器。

機器還比較遵守邏輯，但是人往往不合邏輯。

「可能你說得有道理，但我還是討厭你，因為我就是看你不順眼。」

對某人有道理，但對他沒道理，因為他的成長背景對這件事的看法和你截然不同。

如果人人都有不同背景狀況，那如何溝通？根本就是天天會遇到死胡同。當然，也沒那麼絕對，畢竟，還是有共通的原則。

首先，比較日常交流的事，當然不需要大費周章，若每件事都要顧慮東顧慮西，活著也太累了。

所謂溝通，在此主要是需要「影響對方」，需要「透過傳達

讓一件事情進行」，或需要「透過溝通改變現狀」。

以此來說，向朋友說聲早安，或跟他說昨天去看了一部電影很不錯，這是聊天。但老闆交代員工辦事情、媽媽教導孩子要做正確行為，或者太太和先生抱怨他都不陪她，這些都是溝通。也就是說，若溝通有了誤解，那可能結果就會不一樣。

基本上，不論對方的背景如何，當溝通的內容比較複雜，有可能誤解時，就需要特別留意。溝通有以下幾個注意事項：

一、提問

特別是在兩人對同一件事可能認知有誤的情況下，提問一定是必要的。提問有兩層意義，第一層，透過提問，例如：「對於這機器的用法，你還有什麼不了解的嗎？」可以進一步了解對方的看法。第二層，透過提問，經常會發現誤解的所在，例如：「你知道我的本意是為你好吧？」看到對方納悶的眼神，你才知道，原來對方還是不明白，於是你就再說明一次。

二、傾聽

溝通最忌諱的就是一個人唱獨角戲。如果在學校，老師傳授學生，那是單方面授課。但在社會上，人與人間溝通必須要有互動，我們不只要懂得講，更要懂得聽，這一方面可以讓溝通更清

楚，更重要的是讓對方覺得你尊重他。事實上，很多時候，溝通
已經不是在「講理」，而是在「講情」。用一句通俗的話來說，
你若讓對方「奇模子」不好，那溝通再多也沒有意義。因此談話
時，一定要保留足夠時間給對方發表意見，並且在對方講話時不
要搶話，不要自以為是的詮釋對方的話。用心傾聽，才能讓溝通
繼續下去。

三、主動出擊

許多時候，溝通要主動出擊。這裡不是指你說話要強勢，而
是態度上要積極，有時候，「積極的弱勢」也是一種積極。好比
說我們主動以低姿態向對方請益，就是一種主動出擊，但卻是低
姿態。什麼時候要用主動出擊呢？像是：

1. 針對某個議題，邀請對方提出想法；
2. 對方是比較木訥內向者，你必須主動出擊誘導他談話；
3. 對方表達能力不強，你可以主動釋出問題，問他是不是想表達這個意思；
4. 當溝通方向偏了，可以主動出擊，將話題導正回來。

主動出擊很重要，如果雙方溝通，一方無言另一方也無言，
那就溝通不下去了。

四、說故事

溝通的內容可能一樣，但表達方式可以有很多種，視對象而定。最典型的例子，老師教導學生團結的道理，他可以直接告訴學生：「團結非常重要，我們大家可以團結，就沒什麼人打得倒我們。」然而這些太老生常談了，很多學生根本聽不進去。這時候老師改以說故事的方式，講酋長要求三個兒子分別折筷子的故事，筷子個別折斷都很容易，但當三個兒子筷子綁在一起就無法折斷。以說故事方式，孩子就會聽得津津有味，也更能認識這樣的道理。在職場上，包括對客戶簡報說明一個產品或是向老闆提企畫案，如果懂得透過說故事的方式，都可以做到好的溝通。

第四課：如何拓展自己人際關係

前面談了很多溝通的事，因為人與人間交流，不論是親人或者客戶陌生人，都要靠溝通，但溝通只是人際關係中的一個重點。

由於人與人的關係很多元，因此對客戶溝通的方式不見得適用於對家人溝通的方式。和同事溝通的方法也絕對跟和長輩溝通的方式不同。人際關係是一種資源，但不是「利用」。我們可以

說朋友是一種資源，但交朋友不應該懷有特別「目的」，不是因為我知道某人有錢或某人是專家，我才刻意去認識他。

可是話說回來，人與人之間的關係卻又和「運用」有密切相關，畢竟我們認識很多人，但也可能有不是那麼熟悉的朋友。一個典型的例子是民意代表，需要很多人脈，他可能哪天與你握手，但其實他轉身就忘記你了，這無可厚非，因為在這樣的交流中，你代表的只是選民中的一位，他不是和你「這個人」握手，而是和你這個「族群」握手。所以人與人的關係充滿學問，無論如何，人與人溝通最基本要達到的三個目的一定要達到：

1. 展現你這個人，讓對方認識你，知道你的想法；

2. 建立你與對方的善意，除非你原本溝通的主題就是興師問罪，否則一般人與人交流，都希望締結善意；

3. 完成一件事情。許多時候，人與人交流都是要完成某件事情，例如去商場買東西、業務員賣東西，或者導遊做解說等等，就算只是和自己家人講話，也是要完成一件事情，那件事情就是表達對家人的愛。

在人與人之間的交流，除了言語溝通外，還可以透過非語言溝通，那就是善用身體語言。

所謂身體語言，是指身體的動作或表情等等，我們可以用

身體語言來代替口語化的表達。有句話說：「無聲勝有聲。」什麼時候、什麼因素讓你不開口卻能傳達比開口更好的效果呢？絕對不是呆呆的坐在那邊就可以，一定還需透過眼神，透過身體的動作來表達。好比說送花給一個女孩，那女孩沒有開口說好或不好，只是兩眼流淚用感激的表情看著你，那這代表什麼意思，還需開口說嗎？

身體語言要注意的事項：

1. 談話時，身體面向對方，彼此保持適當距離。
2. 眼神應凝視對方的眼睛，表情專注而不嚴肅。
3. 雙手自然放好，不可交叉在胸前。
4. 雙腳自然擺好，不可翹起二郎腿。
5. 以點頭、眼神或表情等，來表示接受到訊息或瞭解對方的意思。
6. 保持「神情自若」的原則，但有時也可配合溝通內容，採取最適當的姿勢或表情。

當然以上的身體語言，主要適用在一般的商務交談，以及拓展人際關係的角度上看交流。這時候重視的是商業禮儀，以及應對進退中對對方的尊重。若是和自己的親密愛人或老友死黨，自然有其他的身體語言。

第五課：讓人際關係更好的注意事項

人與人間的互動，有時候牽扯到許多因素，有時候還沒有交流本身就已經是對立的狀態，例如選舉期間不同黨派的較勁。或者相反的，還沒交流一方已經取得絕對優勢，例如當韓星來臺，粉絲一看到心儀韓星就不斷尖叫，這時候韓星不論說什麼，在粉絲耳裡都是美妙的聲音。這也是一種交流。

但以一般正常的人際關係交流來說，有一件很重要的，我們始終要擺在心底的事，那就是對方是一個「人」，也就是他是有七情六欲、有感情世界的人。許多人做交流，好比業務員銷售東西，都只把對方當成「口袋有錢」的人，抱著這種心境做交流，當然無法真正交「心」，也往往造成交流失敗。

與人交流，要做到交心，最關鍵的就是重視「同理心」，你必須試著讓自己不要執著於自己的主觀意見，要懂得設身處地，站在對方的立場去體驗對方的心境歷程，表達本身瞭解其目前的感受。

方法有以下幾種：

1. 使用言語表達我們對對方內心世界的瞭解，將你所體驗到的對方感受回應給他。

2. 試探我們對對方的瞭解是否正確，也讓對方有澄清的機會。

3. 找出互相矛盾的情節，幫助對方抽絲剝繭，以解決問題所在。

4. 說出別人或自己的類似經驗，讓對方從這些實例中，瞭解我們能感同深受。

5. 直接告訴對方，有話直說無妨，彼此都能打開心防，直言不諱、不說假話。

6. 避免使用批判、評斷的字眼，以免對方覺得我們只是會說一些風涼話。

7. 使用我們自己的話，將對方的想法與感受重述一遍，讓對方覺得我們已經有所瞭解，並且想要更進一步瞭解。

8. 使用鼓勵的口吻，讓對方繼續說下去。

當然，人與人的交流，我們不只是傳達者，我們同樣也是接受者。不要只想著：「對方為何不懂我的意思？」很可能對方也在思考：「為什麼他說的話我都聽不懂呢？」

所以，人與人的交流，要懂得做有效的思考。一般而言，思考永遠超過說話的速度，當我們接受對方所傳來的訊息，應該運用時間反覆思考這些訊息，其思考方向包括下列三個：

1. 篩選與分類：

與對方溝通出來的訊息也許千頭萬緒，讓我們一頭霧水，此時我們切勿慌張，應從中尋找出關鍵的訊息。

2. 找尋絃外之音：

與對方溝通出來的訊息，有時只是一些表象，因此我們應該認真去思考，其訊息是否有其他含意。

3. 明辨是非：

我們應隨時保持思緒的活絡，從不同的角度思考，以免被對方的花言巧語所惑，產生錯誤判斷。

在交流過程中，我們也要懂得提出問題。在溝通的過程中，適時提出問題，不僅可以使我們獲得更多資訊，而且也可以幫助我們進一步傾聽。其要點如下：

1. 多提開放式的問題，可以讓對方盡情回答，使我們獲得更豐富的資訊。
2. 提出有關的問題，使對方知道你對他的事感興趣。
3. 提出必要的問題來澄清事實，有些人不好意思提出問題，只好自己胡亂揣摩，其結果反而容易造成誤解。

4. 切勿不斷提出問題，如果我們問太多的問題，會變成我們在主導，而非傾聽對方的心聲。

此外，若溝通的過程中，覺得我們被誤解了，許多時候，我們再怎麼辯解都很難撼動對方的想法，因為對方處在一個抗拒的心境，這時候說再多都沒有用。所以當我們被誤解時，與其花很多的時間去辯白，不如讓雙方先冷靜下來之後再說。

當溝通阻礙時，說再多也沒人會聽、沒人願意聽，因為對方總按自己所聽聞、所理解的來做出判別，每個人其實都很固執。若他理解你，一開始就會理解你，自始至終的理解你，而不是聽你一次辯白而埋解。

與其努力而痛苦的試圖扭轉別人判別，不如默默承受，給別人多一點時間和空間，省下辯解的功夫，去實現自身更久遠的人生價值。

🥋 第六課：其他注意事項

前面介紹了簡單的人與人間溝通交流技巧，當我們入社會工作，不論是擔任業務銷售商品，或在公司企業裡與同事溝通，都

需要關注這些人與人交流的重點。

　　就算是在家裡與親人溝通、與孩子溝通、與長輩溝通，也都需要重視人際關係的基本原理，如果大家都懂溝通，世上就不會有所謂「清官難斷家務事」了。

　　關於人際溝通，還有一件事也很重要，那就是情緒管理。人畢竟是感性動物，無法百分之百理性，就好像夫妻吵架，明明深愛對方，但在交流時也可能說出讓彼此都很難過的話，這已經無關口才，無關誰有道理的問題。

　　針對情緒管理，以下做幾點補充：

1. 說話時注意自己的用辭，情緒無法控制時，要特別留意自己說的話，不要帶有情緒性字眼，以免吵架到最後模糊了焦點，還傷了和氣。

2. 若情緒實在不佳，可以離開現場或保持沉默，若無法離開，那就提醒自己別說話，以免傷人，等大家情緒過去再來溝通。

3. 委婉表達自己的想法，因為一時的情緒憋久了會變成「心情」，而不好的心情可能會持續一整天或更久，為了不影響工作與生活，有必要適度表達自己的想法。

4. 找出自己最易被引發情緒之處，你可以先主動告知，這樣大家都可以避開情緒的引爆點。

5. 平日要懂得紓解壓力，壓力太大會讓人的情緒承載變得脆弱，所以不要讓自己太緊繃。

6. 交流雙方都要試著用同理心為對方解讀，尤其是情境中的相關人員來說特別重要。

7. 不要太過於完美主義，這樣做不但會增加自己與周遭人士的壓力，也容易讓情緒長期積壓無法解開。

8. 情緒爆發時別做決定，因為情緒爆發時，人就很難理性的思考，所做出的決策也就不會是最佳決策。

　　人與人溝通是必須長遠學習的學問，就算身為成功人士、身為企業老闆、身為名人，也都還是要學習溝通。因為人是最複雜的生物，人與人之間的溝通，當然更需要用心了。

老師簡介──丁志文

職場專業橫跨兩個不同的領域。

資訊工程專業出身的人，會在 IT 技術領域上發光發熱；而商學出身的人，則專長在銷售行銷及企業經營管理等等。志文老師在這兩個領域都有很豐富的經驗。

大學畢業於資訊工程學系，之後因應職涯上的自我提升需求，進修了管理與資訊學系以及商學系，再取得了二個學位。期間也獲得許多證照，其中有國家技術士證照，包含電腦硬體裝修、電腦軟體應用、網頁設計等，還有資訊專業人員鑑定，如資訊管理（應用）類，以及行銷專業能力的行銷企畫證照等。

對志文來說，人生職涯是無時不在的「自我盤點」。

「了解自己，整合自己的本職學能和工作經驗，找出自我價值，將無可取代！」

一個人之所以會「成功」，決定的因素可能有許多，但其中最不可缺的重大關鍵，就個人的「態度」。生活周遭每天都在上演著「適者生存、優勝劣敗」的嚴厲競爭，志文表示，我們不需在哀怨的氛圍中起伏，而是要在樂觀的想法中前行。當遭遇挫折時，有人放棄，我們堅持；別人遲緩，我們仍然向前行。每次跌倒就會立刻站起來，能在逆境中樂觀的人，也一定能讓自己邁向成功的目標。

在職涯發展的歲月中，志文有十年的時間擔任技術服務方面的本職，是資訊產業的職人，至今，也是 IT 這方面的教育培訓專業。

到了人生第二個十年，則投入在另一個領域：業務銷售。從最基層的業務做起，而後擔任企業高階的業務資深經理。他有著豐富的業務實務經驗、業務培訓經驗，也因為本身的資訊背景出身，後來又投入業務、行銷等職能，志文接觸到各種類型的企業，他也發現，當面對不景氣的時候，個人要能在競爭中脫穎而出，主要是必須有正確的心態，還有如何做好人際溝通，也是非常重要的課題。

為了給在職場中工作的人更多啟發，志文投入了很多心力在演講培訓領域，因為想藉由自己豐富的職場經驗，幫助更多的人自我成長。

溝通，從古至今都是人與人之間互動及文明成長很重要的關鍵。就算到了網路時代，溝通的平臺可能變了，有時候企業開會只透過視訊會議，但基本原理還是一樣的，這也是志文老師分享人際關係與溝通的初衷。

📖 基本資料

Master of Digital Life

知識與實務兼具的優質數位人才

【現任】

- 講師培訓、數位學習、網路行銷等項目，任講師、教練、顧問之職務
- 新北市口才訓練協進會理事
- 新北市多元學習發展協會理事
- 中華華人講師聯盟行政支援委員會主委
- 華人競爭力價值創新研究院網路行銷組長
- 中華國際人文素質文教協會顧問

【經歷】

任職於資訊科技業二十餘年，歷經資訊工程師、產品經理、行銷經理、專案經理等職務，為 IT 專業經理人。

【座右銘】

築夢生涯、快樂工作、提升能力、開拓視野、豐富關係、成功人生。

【證照】

- 國家技術士證照：電腦硬體裝修、電腦軟體應用、網頁設計
- ITE 資訊專業人員鑑定：資訊管理 (應用) 類
- TIMS 行銷專業能力認證：行銷企畫證照
- CDRI 職能基準發展規畫培訓師

【授課經歷】

- 保險公司：名單 100、陌生開發
- 企管顧問：關係銷售、組織溝通、企業診斷與經營分析
- 社團協會：簡報製作實務、影像剪輯製作、社群行銷
- 民代服務：應對話術技巧、客服問題解決
- 志工訓練：親子關係－溝通篇、生活科技應用

【 演講邀約聯絡資訊 】

網站：http://pptspeech.blogspot.tw/

Facebook 粉絲專頁：https://www.facebook.com/PPTspeech

電話：0936-071261

Email：tingchihwen@outlook.com

Facebook、Line、WeChat ID：tingchihwen

職場無敵應戰祕笈

職能優勢再創巔峰

授課老師：林美杏

　　這世間各行各業有不同的職涯模式，有沒有一種共通的道理可以適用於全部的行業呢？

　　其實還是有的，就好像我們在學校念書的時候，有基礎必修科目及分項專業科目，職場的概念也是如此。

　　基本上，我們在職場上應該具備的能力有四類：一般職能、專業職能、管理職能以及核心職能。簡單來說，若以一家電腦公司來比喻，一般職能是每個員工都會的基本工作技能，包括基礎電腦應用、基本文書作業等等。

　　專業職能指的是針對某個領域的專業技巧，好比說維修工程師，就一定具備專業電腦維修職能，通常也都擁有相關證照。管理職能，顧名思義，就是擔任主管階層時要具備的能力。至於核心職能，則是本篇所要分享的主要內容。

　　每個人一定同時具備四種職能，只是能力強或弱的差別。好比說上述這家電腦公司的總經理，可能四種能力都很強，原本就是資工背景的他，既可以管理一家公司，也具備各項專業能力。相對的，公司新進的行政祕書，她是個年輕女孩，可能除了一般職能還可以，其他都有待學習。但能力是可以加強的，也許三、五年過去，這個年輕女孩已經成為業務經理，像這樣的例子並不少見。

　　學無止盡，人的一生都該持續學習。就算前面所舉的那位總

經理，一旦停止學習，可能三、五年後，他的所學專業全都過時了，甚至連一般電腦應用能力都可能有問題，也許哪天那位年輕女孩創業變成比他還強也說不定。但如果這位總經理的核心能力很強，那麼就算他轉換跑道，就算他跌倒再爬起來，也一定復原能力比一般人快。因為核心能力，是所有行業共通的重要職能。

世事無絕對，只要肯努力，任何人都可能闖出一片天。

讓我們不畏改變，不斷提升實力，勇敢面對各種職涯挑戰。

第一課：絕不要給自己設框架

我本身的成長故事，就是一部「化別人眼中的不可能為可能」的歷史。

幼年時候家境還算小康，父親是警察巡佐，家庭幸福安康。但在我小學時候，父親不幸因公殉職，我們家情況一下子跌入谷底。媽媽帶著三個孩子搬遷到簡陋的木板屋居住，颱風來襲時，屋頂還會被掀走。

因為家貧，我們生活得很克難。我清楚記得，我從國小到國中畢業，有連續八年的時間，我的便當菜色幾乎都一模一樣，都是地瓜配飯及鋪上三分之一層荷包蛋。為何是三分之一層？因為

一顆蛋要分給三個小孩帶便當，每個孩子只能有那麼薄薄一層。

也因此，每當午休時間別人高興的邊吃飯邊聊天時，我就一個人靜靜的帶著那個簡陋的便當，坐在操場邊吃。

就是因為這樣的成長背景，讓我從小就很獨立，養成不服輸的個性，這對我日後逆境求勝有很大的幫助。

然而，在成長的過程中，我仍有一個年輕人常有的壞毛病，那就是「自我設限」。幸好我一路總能得遇明師給我指引，啟發我新的作為。

因為家境不好，也沒有好的讀書環境，我已經自我設定我不是讀書的料，我只想畢業後就去賺錢，將來孝敬媽媽，對於學業沒有什麼企盼。

但國中時我遇到一位啟蒙老師，當時因為要課後補習數學，全班只有我沒錢繳補習費，原本以為不能補習了，但當時老師卻不收我補習費，她要我擔任數學小老師，協助收作業，打掃環境就好。

就因為擔任數學小老師，我覺得不能辜負這個職稱，於是下定決心要學好數學。即便我自認資質不好，但勤能補拙，不會的公式，我就算自我學習到半夜也一定要學會。從此，我成為班上的數學頂尖好手，中學時代就開始擔任數學家教，直到畢業後還創立了文理補習班。

所以，當人們說自己「做不到」，其實只是自己「願不願意」做而已。內心信念一改，原本的「不會」也可以變成專業。

我勤於學數學，到後來數學成績總是很高分。然而，我的其他科目還是很弱，特別是英文，簡直是我的罩門。我的情況很特殊，我可能數學是全班最高分，但英文總是考不及格。我並沒有因此自我放棄，但曾經整夜不睡覺背英文單字，可是第二天看到考卷時，還是腦袋一片空白。當時高中老師教學很嚴格，考試成績差的學生要在講臺上被打屁股，為此，我幾乎想逃學，害怕去上課。

但媽媽給了我鼓勵，她告訴我：「美杏，你一定要去上學，媽媽允許你英文考不及格，但只要注意兩件事，第一、國文要學好，因為將來工作場合要會看字。第二、數學要學好，做生意要記帳。」媽媽也去學校反映。後來我順利畢業，之後升上專科，學習更多領域，參加了學校童軍社團擔任副團長，學習了領導與管理的能力，增強自己信心的能量。

所以就算碰到有些領域真的是你的罩門，也不要因此否定整個人。人人有不同的專長，看重自己的長處，自我覺察、正向思維，不要讓負面項目改變你。

　　專科畢業後，原本想在臺北上班，但在媽媽的要求下，我回到高雄。由於我已有多年的家教經驗，當時就想自己創業開補習班，可是創業需要錢，然而我身上的積蓄有限。

　　不過我沒有因此就停止我的夢想，我先是找到一棟樓房，和房東壓低租金，但即便如此，也已經付掉大半的積蓄。後續的所有事，包含油漆、清理房子還有招生作業，我都得自己來。

　　記得那時正巧是農曆春節，當家家戶戶都在歡樂過年時，我卻一個人搬著梯子，一個房間一個房間的油漆，特別是漆天花板時，油漆會滴到我臉上，那時更有種難過的感覺。為何別人家的年輕女孩都可以快樂過年、有家人疼愛，我卻得在這裡漆油漆？

　　但難過只有一下下，我知道自己沒有本錢自哀自憐，於是我化悲憤為力量，用正向的毅力與信念，靠自己的力量站起來，一個人漆完所有房間，準備迎接年後的補習班開張。

　　所以，人的確很容易情緒化，心情不好、陷入低潮。但要想有一番成就，一定不要讓自己被負面情緒主導。用正念告訴自己，情緒不代表我，我要做自己的主人，不被情緒主導，振奮起來，結果就會不一樣。

　　後來我的文理補習班成立了，一開始「全公司」只有我一個

人，我每天五點多起床，為了招攬學生，六點鐘開始去學校發傳單，甚至要躲警衛，因為我翻牆進校園，把傳單塞進學生抽屜。

七、八點後回補習班整理環境，接著要去市場買菜，準備營養午餐，然後去學校接小學一、二年級學生上課。我自己身兼多職，負責教育小孩、負責準備試卷、負責學童接送、負責學生餐點、負責和家長溝通，也負責會計作業。

任何人聽到我的故事都覺得不可思議，怎麼可能一個人負責一整間補習班，而且後來的學生人數超過一百人。我的文理補習班持續擴大招生，白天國小安親課輔班與資優數學班，晚上是國中文理補習班，之後又增設幼兒園，為此我還進修了教育學分。一步步走來，我的補教事業非常成功，不但擁有自己的專車，而且還聘請了許多科任老師，學生上千人次。

當一個人潛能全部發揮後，那些別人認為不可能的，對你來說卻是非做到不可。於是你成功了，那些永遠都在說不可能的人，就真的「不可能」了。

後來的故事還有很多，但這裡只簡單講幾件：

因為有人檢舉我非大學畢業，怎可以教數學？為此我採用半工半讀的方式，在忙碌的行程中，硬是擠出時間去念大學。終於

正式拿到應用數學系學分。

　　另外，為了符合設立幼兒園園長須具備的資格，我念了第二次大學，取得幼兒保育系學分。當時我的時間更緊湊，乃至於幾乎每晚都是在車上吃麵包充當晚餐，時間長達三年，修得學士學位。因又參加園長培訓課程，半年時間中，每週的週末都在嘉義與高雄往返，終於通過考試後，可以正式擔任幼兒園園長，也曾榮獲「績優園長獎」。

　　為了對我創立的補教事業負責，我去大學上課的時候非常認真，老師鼓勵我去進修碩士，我自認為不可能，但老師鼓勵我不試試看怎知道，於是我用心準備。由於應試的其中一個流程是繳交作品，當別人都用一個牛皮紙袋裝報告，我卻是用小紙箱裝著厚厚的成果資料，後來我果真被錄取，之後努力積極克服萬難，兩年修得碩士學位。

　　同樣的，後來在別人都認為不可能的情況下，我積極考取大陸博士資格，兩岸搭機求學，了解國際趨勢，遇見困難時，在堅持永不放棄的信念中前進，一步一腳印的精進，完成國際期刊加上博士論文，順利取得管理學博士學位。

　　回國後至大學任教，取得大專院校講師資格。參加勞動部發展署共通核心職能師資考試順利通過，針對大專院校應屆畢業生面對求職無法順利就業，進行就業人才教育培訓，榮獲「兩岸三

地卓越貢獻獎」。

之後我專心進行企業人才教育訓練，已輔導過近千家企業高階、中階與第一線服務人員培訓課程，發現企業營運目標要達標，必須能掌握並瞭解員工職能優勢與人格特質，再加上完整的教育培訓，可以大大提升職場競爭力。

包含後來結婚生子、成為企業界的專業顧問、企業講師與企業教練……，一路走來許許多多的「不可能」，最終我都走出一番成績。如果在我人生的任一個時候，我被「不可能」所束縛，那就不會有今天的我。

所以朋友們，不論你現在處在怎樣的行業，碰到怎樣的發展瓶頸，先不要自我設限說你自己「不可能」，這世界沒有人可以給你框架，除非你自己要把自己框住。

第二課：先有態度，再來談技術

有時候，聽到年輕人抱怨自己才能被埋沒了，都沒有好的伯樂來發掘他。

姑且不論這些人是否真的這麼優秀，乃至於每天都有「龍困淺灘」之嘆，我覺得他們的基本心態若不修正，他們可能有很長

一段時間，甚至一輩子都要覺得自己被「大材小用」了。

　　所謂的基本態度，舉個例吧！當我們去餐廳用餐，老闆若很畢恭畢敬的歡迎你到訪，你是否心理會很舒服？就算餐點只是一般般，也會對這家餐廳留下不錯的印象。相反的，如果老闆態度愛理不理的，當你點了餐，他拿了單子就去備餐，除非這家餐廳真的超級好吃，否則就算餐點還「不錯」，你也會覺得用餐感覺不怎麼舒服。

　　是的，就是「感覺」問題。

　　我因為擔任職涯輔導顧問的關係，曾經跟許多企業主聊過，大部分人的反應是，如果企業要聘請一個人，能力固然很重要，但絕非排名第一的要件。如果面前有兩個人選，假定兩個人要求的薪資一樣，其中一個是歸國學人，有著高專業能力，英文又好，態度充滿自信，但感覺就是比較傲慢；另一個人只是國內一般大學畢業，專業能力看起來還可以，但整個人態度很誠懇、負責與積極。那麼，大部分人都寧願選擇聘用第二人。

　　因為能力不足可以經過培訓來磨練，畢竟原本每家企業的專業領域和文化都不同，過往所學的不一定可以全部用上，新人本來就需要培訓。

　　但若態度不佳，包括自以為能幹沒有學習意願，自我本位心態，或者談吐給人家感覺很不真誠，就不會被企業所接受。

　　現代年輕人比較懂得自主，特別是網路世代長大的青年，學習能力強，也非常有主見。但比較被人詬病的，就是去一個單位服務時，心態上總是想著：「這家企業可以給我什麼？」他們念茲在茲的是薪水多少、福利多少等事情。但正確的心態應該是先問問自己：「我可以為這家企業做到什麼？」至於薪水及福利，自然是付出多少才有資格要求多少。

　　我在幫求職者進行輔導時，不論對方是怎樣年紀，是青年就業還是中年轉職都一樣，基本精神就是要反求諸己。當要求一份工作，一定要捫心自問：「企業為何要聘用我們？」

　　你可以讓他們知道你「品質可靠」、「價格低廉」、「做事有效率」，最好還要針對你所面試的這個行業，你本身所擁有的學習專業，以及你的個性專長等，可以幫企業做到什麼？

　　當你轉換心境，先為對方著想，利他者，最後還是可以利己。

第三課：做個在職場中受人歡迎的人

　　進入職場只是第一步，能夠在崗位上，實作有成，步步高升，真正做出一番貢獻才是重點。進入職場後，最常遇到的還是「人和」問題。

這裡我要分享，職場愉快互動的三原則以及八要素。

愉快互動三原則

1. 不批評、不指責、不抱怨

職場上最被討厭的人，就是遇到事情不幫忙，只會在旁邊動一張嘴。每個人的做事方法不同，不一定有誰對誰錯，但動輒就批評別人、指責別人無法好好做事情以及一天到晚抱怨這、抱怨那，覺得老闆不好、客戶不好、同事也不好的人，也是破壞辦公室氣氛的元兇，不受歡迎。

2. 讚嘆與感謝

這其實和前一點是相對的概念。一件事本就有很多面向，我們可以先選擇正面的部分予以讚賞，這時候再委婉來談缺點，對方就比較容易接受。好比說，部屬呈上一份企畫案，經理看了先讚賞一聲：「小高啊！這份報告看得出你的用心，我對你的敬業態度很佩服。」這時候小高內心充滿感動，此刻經理接著說：「我覺得行銷規畫這部分，可以多加點網路行銷，你覺得呢？」小高這時一定會心悅誠服的回去修改企畫案。

至於感謝，更是讓人際間互動圓融的重要元素。當然感謝，一定要真誠，太虛情假意的感謝，對方也是看得出來的。

3. 引發他人的渴望

事情的進行，可以用「推」的，也可以用「拉」的。

經理要員工辦一件事，他可以每天叮嚀，每天問進度，讓員工感到著急，趕快把事情完成，但同時內心可能不太愉快。另一種方法，是用鼓勵的，如果這件事情完成了，可以對公司帶來很大的幫助，你也與有榮焉，那麼員工就會更有熱誠做這件事。特別是業務工作，月底前要達到標準業績，與其整天罵員工怎麼那麼沒本事，還不如建立一個強大誘因，讓員工自動自發前進。

「引發他人渴望」，不只適用於主管對下屬，包括部門與部門間溝通，或者與合作夥伴溝通，都是很有效的方法。

愉快互動八要素

1. 同理心態

怎樣的溝通，最容易讓對方信服？那就是你能夠讓對方覺得「你理解他，你可以和他站同一邊的時候」。試著讓自己與人溝通時「將心比心」，就能達到良好互動。

2. 誠心聆聽

將心比心的一個重要前提，就是專心聆聽。如果連聽都不專心聽，如何讓人覺得你可以將心比心？最忌諱對方還在講話，我

們卻不斷搶話，有時候用耳朵比用嘴巴更可以達到溝通。

3. 為他人著想

如果可以讓對方覺得你是為他著想，就算你是在糾正他的錯誤，甚至主管必須懲處一個員工，只要他感覺到你是為他好，他都會感激的。

4. 社會知覺

簡單來說，就是懂得判斷，知道不同場合應有什麼分寸。在職場上總有一些人被稱為「白目」，就是說他們對周遭變化反應遲鈍，在人際關係中不能做到敏銳的對應，常做出不合時宜的言行舉止。

懂得在不同場合、不同氣氛中做出正確的行宜，才能讓人際互動愉快。

5. 同步效應

當團隊在做什麼事的時候，我們絕不要處在狀況外，那樣會讓人覺得你格格不入。在團體行動中，不要特立獨行，要懂得參與分工，適時成為正面力量。

6. 自我表現

一個人不能光只會說，或只想當旁觀者。唯有自己付出努力，用行動證明自己的價值，在團體中才能取得認同。

7. 影響他人

我們要做能影響他人的人，我們要做到，當我們想要達成一個任務，別人都願意配合；我們說的話，對方願意接受。這樣的目的不是要掌權，而是當我們能夠影響他人，對於事情的推動會更加容易。

8. 表示關心

當我們願意「真心」關心別人，別人也會感受到我們的用心。這有助於人際關係的凝聚。

我們以為在推動一個任務時，是在推展一件「事」，但往往到後來會發現，任何事的推展，關鍵還是在「人」。當我們能處理好「人」的問題，任務可能也就完成大半了。

第四課：在職場上建立自己的優勢

當我們要訂定一個行銷戰略或做新的市場布局時，經常會透過團隊腦力激盪，做出 SWOT 分析。其實，我們每個人對自己也可以做 SWOT 分析 /TOWS 分析。

	Strengths（優勢） 諸如：高學歷知識 良好人際關 正確價值觀 能獨立自主	Weaknesses（劣勢） 諸如：過於理想化 主觀意識強 職場經驗少
Opportunities（機會） 諸如： 就業市場新藍海 某領域人才缺乏	A 方案 S1+O1 S1+O2 ……	B 方案 W1+O1 W1+O2 ……
Threats（威脅） 諸如：低薪職位 專長不符 競爭者多	C 方案 S1+T1 S1+T2 ……	D 方案 W1+T1 W1+T2 ……

　　在職場上，人人都要成為一個具備利用價值的人，最好的情況是讓自己成為一個「難以被取代」的人。如何做到呢？你必須具備自己的獨特優勢。

　　我在輔導求職者時，會要求對方自我介紹，很訝異的發現，許多人連自我介紹都說不出來，彷彿自己都不認可自己似的。我們不但要能清楚介紹自己，更要能找出自己的優勢。

　　每個人一定都有自己的優勢，你可能學校成績不好，但有豐富的打工經驗；你可能尚未取得專業證照，但你的實戰經驗累計時間很高。

　　試著為自己做一張 SWOT 表，用心列出自己的各項特色。然後將不同數值結合，以上表來說：

1. 如何找出自己的優勢，並結合現在的機會，發揮加強效應？

　　例如，你的優勢是已經取得日文檢定資格。機會則是公司的產品正好要拓展日本市場，需要日文人才。

2. 如何將自己的優勢和威脅抵銷，讓優勢繼續存在？

　　例如，你是設計科系出身，現在的威脅是全國設計科系眾多，到了畢業季，競爭者多。那麼你就要加強自己優勢，讓自己的設計更多元、更專業。

3. 如何把握整體機會，讓自己的劣勢可以不會帶來負面影響？

例如，隨著網路無國界，市場的開拓性越來越廣。但你的缺點是外文能力太差。這時候就要想著，如何降低這個缺點的負面影響，例如透過網路進行交易，可以結合翻譯軟體輔助。或者秉持著你的專業部分，語文部分和另一個同事合作。當然，若有可能，還是要加強自己的語文能力。

4. 如何在面對威脅的情況，又能不讓自己的劣勢拖垮自己？

好比說，畢業季到了，有許多設計學生進入職場。但自己的平面設計實力其實是弱項，無法與高手競爭。那麼也許該調整求職的方向，例如改投入商品設計或櫥窗設計等不同領域。

如同孫子兵法所說：「知彼知己，百戰不殆。」

「道、天、地、將、法」一定有辦法，職場如戰場，要先知「己」，再來訂定戰略。而因應現代的社會局勢，一個職涯人要取得職場優勢，還必須深化以下項目。基本的要求還是那句話：「學無止盡。」我們要活到老學到老。

1. 語文國際

不論是身處哪一個產業，多會一種語言，絕對可以讓自己的

優勢加分。

2. 資訊 E 化

現代人面對現代科技，動輒那也不會這也不會，將難以和眾人競爭。

3. 掌握趨勢

做任何事要符合趨勢，不要等努力半天，才發現自己做出來的東西，根本不符市場需求。

4. 加強專業

所謂專業，今天的專業，不代表明天的專業。哪一天若停止進修，時間久了，你自以為的專業，很可能已經落伍了。

5. 必修行銷

任何人都要具備一定的行銷力。就算你是工程師，你是醫師，你是學校老師也一樣，懂得基本的行銷，才能讓自己的職場實力得到更大的拓展機會。

6. 創意加分

好的創意不但讓你可以在同業中脫穎而出，甚至可以改變自己人生，走向致富之路。

7. 接受挑戰

碰到困難，要視為是上天給你的成長機會。因為有挑戰，你才可能突破自己的極限。所以面對挑戰的時候，絕不要逃避，要勇敢承擔。

8. 時間管理

一個人若時間管理做不好，那就算專業能力再強，成就也會大打折扣。如何做好時間分配，做好自律，對人的一生影響很大。長期來看，能做好時間管理的人，將在人生競賽場上跑在最前面。

9. 情緒智商

EQ 很重要，曾經見過有的人對一件任務付出很多，但最後卻因為一時的情緒失控，毀了整個專案，後悔莫及。如何做好情緒管理，平常適時的培養自省能力非常重要。

10. 機動舞臺

讓自己成為全方位好手，永遠不會擔心轉換舞臺。這靠的是本身建置好強大的核心能力，以及持續的進修學習。

 # 第五課：職場達人應具備的十二項能力

相信我們追求職場上的卓越，不只是要讓自己可以在職場上「立足」而已，

更希望可以更上一層樓，有著不凡的成就。

我們不要只成為平凡的職場人，一定要成為職場達人。

以下十二大能力，可作為提升自己職場戰力的參考，也許現在我們能力還不足，但我們必須持續加強。這十二大能力都是核心能力，適用於所有行業，也適用於所有年齡階層：

1. 自制力

你是否可以做到凡事三思而後行？

當你提出的企畫案被老闆否決，你是否可以靜下來檢討自己，還是第一時間只覺得老闆在否定你？

自制力越強的人，才能在職場上得到最後的勝利。

2. 記憶力

懂得過去，就比較可以預測未來。因為未來也一定是由過去延伸而來，所以有句成語叫做「鑑往知來」。

記憶力不是指強記，而是指「用心」。公司交辦事情用心聽，客戶的需求用心吸收，平常有機會的各種學習，用心記憶，記得越多，對未來的判斷越準確。

3. 控制力

每個人都是有情緒的，當兩個人在一起，懂得掌控情緒的人，就可以影響到不能掌控情緒的人，修養需要培養。

4. 專注力

做事情的時候，是否可以全神貫注，使命必達，還是三兩下就分心，一下子想喝水，一下子想和人聊天。讓自己專注，就好像放大鏡聚焦陽光，發揮最大熱力。

5. 主動力

有計畫很好，有創意很好，但若僅止於紙上談兵，一切仍是空的。

企業界最看重的人，是有行動力的人，而不是很會說的人。

6. 規畫力

在職場上，我們都要能獨當一面的規畫一件事情。有句話說：「我們若不訂計畫，那就等著自己成為別人的計畫。」

掌控自己的人生，掌控自己的職涯，要擁有規畫力。

7. 組織力

事情到你手中，是否可以很快抓到脈絡。你是遇事就手忙腳亂的人，還是能夠清楚建立邏輯，讓事情井然有序的人，關係著你在別人眼中的信賴度。

8. 管理力

包括時間管理以及資源管理，如何善用你手中有的資源，有效率的應用，最終能夠達成任務。

9. 達成力

是否堅持自己的信念，不輕易放棄，不輕易打折扣。使命必達的前提，就是要有顆堅毅的心。當目標被設定出來就全力以赴，不達目的絕不輕易終止。

10. 彈性力

當我們對目標全力以赴的時候，也不要只是一成不變。當大環境變了，當原本任務的背景條件變了，我們也要能適時調整。

11. 觀察力

有看過偵探影片嗎？解決問題前，要先能觀察問題。正確的找到關鍵，可以讓原本棘手的事情，變得可以迎刃而解。

平日培養觀察力，建立敏銳度，對於處理各項任務，可以達到事半功倍效果。

12. 抗壓力

壓力是職場常態，培養自己的定性，讓自己能夠處變不驚，就能深植於自己的成長土壤，將來長成更大的格局。

以上是簡單的職涯戰力分享。

整體來說，每個人有不同的特質，也有不同的出身背景。有的人如同我一般，經歷過困苦的成長時代，有的人則可能成長的環境比較優渥。但當來到職場這個大環境，都要設法讓自己擁有全方位的職能優勢。

也許你已具備一般職能和專業職能，但在面對職場環境時，

往往最終決定一個人是否脫穎而出的關鍵，還是在核心職能。

讓我們時時提升自己「職能優勢」，成為一個職場達人。

📣 老師簡介——林美杏（Mandy）

畢業於湖南省中南大學管理學博士，榮獲中國教育培訓業十大品牌培訓師，目前是國際管顧公司總經理、中華華人講師聯盟理事、華創院副執行長、中華國際專業教練協會副理事長、中華社團領袖聯合總會培力學院營運長。

孫子兵法研究學會孫子兵法總裁班結業、大專院校／就業學程／產學學院合格業界講師、華人企業界人才教育培訓聯誼會會長、CMC 國際註冊諮詢顧問師、TTQS 高階管理師、TTQS 職能分析管理師、TTQS 訓練規畫管理師、TTQS 內部稽核管理師。

勞動部發展署共通核心職能課程師資南區社群榮譽總召暨合格講師、IAC 國際教練協會執業教練（企業、績效、正念、親子）、中華華人講師聯盟認證講師、青創會圓夢計畫顧問師、企業人力產業投資計畫案執行長、學術界就業學程產學合作業界首席講師、各縣市政府勞工局訓練就業中心適性課程首席高階講師，曾任連鎖文教機構集團總裁與執行長。

擁有超過 1000 多場次的豐富演講經驗及千家企業培訓與提案諮詢顧問經驗 20 年，研發企業人才盤點「職能測評」。

發表多篇國際期刊及著有《翻轉式高績效團隊力》等書，喻有「企業教練達人」之封號，授課風格活潑生動，倍獲企業肯定，是

多元化知名企業教練、企業講師與企業顧問師。

📖 **基本資料**

【專業領域 / 演講主題】

1. 連鎖品牌經營 / 團隊激勵共識營 / 正念領導 / 教練式領導

2. 績效管理 KPI/ 目標管理 MBO/ 職能分析 / 職能建置

3. 客服行銷 / 溝通協調與衝突化解 / 人才培訓 / 創業輔導

4. 企業講師培訓 / 顧客關係管理 / 履歷撰寫 / 面試技巧

5. 多元智能 / 品格教育 / 親子教育 / 職能優勢

【人生之最】

- 2012 年中南大學管理科學與工程系博士畢。

- 2014 年榮獲中國教育培訓業十大品牌培訓師；2014 年榮獲第三屆兩岸三地培訓交流貢獻獎；2000 年創辦連鎖文教機構總裁。

- 自 2000 年起約百場次國小、國中、高中、大學演講，演講所得捐贈弱勢學子，計上萬人次營養午餐受惠。

- 透過「職場無敵應戰祕笈」，進行數百家企業界員工教育培訓案，以成功幫助企業在人才培訓系統、輔銷系統、經營系統之建置，幫助企業營運目標向上提升，獲得企

業高度肯定與支持。

- 2015 年參與中華華人講師聯盟廣州義講，參與公益「杉樹計畫」及「撿回珍珠計畫」，主講主題為：不一樣的人生。

- 2016 年參與中華華人講師聯盟、第六屆國際慈善演講大會深圳平安大會義賣，主題為：翻轉式高績效團隊力。

【座右銘】

戰勝自己　永不放棄　團隊合作　超越顛峰

【著作】

- 《翻轉式高績效團隊力》，林美杏，2015 年。

- 「服務質量、顧客滿意與臺灣補習學校服務營銷研究」，林美杏，中南大學管理科學與工程系博士論文，2012 年。

- 「基於 DEA 理論的補習學校學生滿意度改進」，林美杏、楊偉文，系統工程專刊，2009 年。

- 「以書寫式情境訪談法評量幼兒教師實用智能之研究」，林美杏，樹德科技大學幼兒保育系碩士論文，2008 年。

【企業授課／實戰經歷】

中國生產力、上銀科技、Order 歐德家具、優渥實木、新技髮型、新技美容 SPA、文雄眼鏡、鏡匠眼鏡、好事多、義大世界、臺灣聚合、美商德盟、欣雄天然氣、漢來飯店、福華飯店、寒舍集團、喜來登飯店、艾美飯店、艾力飯店、小熊渡假村、東森房屋、普羅拜耳生物、愛國超市、麗髮型、住商房屋、手感的店、日新養護、慶家食品、益全生化、太平洋房屋、興昌環保、峰安車業、保進幼兒園、長頸鹿美語、常春藤幼兒園、伊徠恩彩妝、易術禪 SPA、愛心養護、港都車運、友荃科技、優利資源整合、牛角餐廳、巨晶實業、樂誠企業、味丹食品、味一食品、美宥佳國際企業、高群文理補習、群益期貨、桃園榮協……等國內外知名企業千餘家，企業人才教育訓練與提案 20 餘年，倍獲企業肯定，授課滿意度再創新高。

【演講邀約聯絡資訊】

聯絡電話：0911248789

Facebook：https://www.facebook.com/loten0911248789

Line ID：0911248789

Wechat 微信：M0911248789

Email：loten.lin@msa.hinet.net

Wechat 微信　林美杏博士教育訓練　　LINE
FB 粉絲團

美學生活快樂祕笈

在平凡中品味美麗

授課老師：謝秀慧

「形在江海之上，心存魏闕之下，故寂然凝慮，思接千載，悄然動容，視通萬里。」——《文心雕龍》

很多人經常處在一種苦惱的狀態。

苦惱什麼？說起來也許都不是什麼大事，可能苦惱著明天會議要準備的資料還沒齊全，可能苦惱著自己心儀的女孩好像已經名花有主，可能苦惱著同事昨天講的話是否在含沙射影罵自己？

有時候，明明一個人走在花團錦簇的公園裡，但卻滿臉愁容，根本對身邊的美景完全視而不見。這時候就好想點醒他，不要執著於那些不是當下可以處理的煩惱，請先用五感品味當下的美好。感受清新的空氣以及滿眼的綠意，這些都可以撫慰當下心靈，我們休息後再出發。

但有的苦惱已經不只是小小煩惱，而是一種生命枷鎖。

他們可能痛失親人，一直走不出傷痛；可能之前生意失敗，於是一蹶不振；可能覺得自己太胖太醜，非常自卑，總是把自己鎖在防衛心很重的殼裡。

這時候，更想和他們說：「打開心門，走到外面的世界曬曬太陽吧！陽光底下，還有更長遠的美麗道路等著你呢！」

美，不是純然視覺的感受。美，是一種心靈的力量。就好像我們身處在江海邊上，思緒可以因為啟發而飛揚到更廣闊的地

方，思緒無遠弗屆。

有時候如何讓自己放空，也是因應生活的能力。美學不是風花雪月的事，美學也是職涯人提升生活的一種技能。

第一課：迎接世界前，先要喜愛自己

可以把自己想像成一顆種子。

我來自何方？像一顆塵土，還是像一顆小小的種子，每一顆種子雖然非常小，卻蘊藏著無限可能。種子包含著很多對未來的想像，每個人都是一顆獨一無二的種子，每顆種子都具有強大的生命力，種子代表希望，寓意為追求生命力的原始力量。

每個人心中都有一顆小小的種子，有的是實用又好吃的水果種子，有的是會開花的種子，有的是綠化又消暑的樹種子，你知道你心中的那顆種子是屬於哪一種嗎？

你願意去了解它，你願意去面對它嗎？你會給它剛好所需的陽光、空氣和水嗎？

你願意滿足它的所有需求嗎？

首先我們要認識自我概念，簡單講就是一個人對自己的看法，包含我們對自己的行為、能力或價值觀，所持有的感覺、態

度及評價。

　　一個人的自我概念可能是正確的，也可能是扭曲的。前者意指這個人對自己的評價與其實際的表現或他人對他的評價相符，後者則為不相符。

　　而扭曲的自我概念又可分為過高與過低兩種情況，過高的自我概念指一個人高估了自己的能力、價值等，過低的自我概念則反之，指一個人貶低了自己的能力與價值。

　　而當我們要談自我概念時，有兩項特性是不能忽略的：

1.　自我概念是包含一個人的身體意像（Body Image）、自我認同（Self-Identity）、性別認同（Gender-Identity）、自尊（Self-Esteem）等多個部分結合而成的組織，這些部分是環環相扣，相互影響的。

2.　自我概念是在成長的過程中藉由與他人互動發展而成的，它會影響行為，也會受外界的反應而改變，所以是一個持續發展的動態歷程。

第二課：有時候要讓時間停下來

　　印象中，有個電影情節是這樣的，探險隊處在異域，一群人

正在爭執該往哪邊走，彼此意見爭鋒相對，就算老大制止，大家還是在吵。

忽然老大大喊一聲：「安靜！」大家霎時靜下來，然後老大閉上眼睛示意大家照做，於是大家也閉起眼睛。初始沒聽到什麼，後來漸漸的他們都聽到了，從某個方向傳來震動的聲音，遠方有敵人來襲。於是大家睜開眼睛，在老大的帶領下，趕快往反方向逃。

這雖是一個冒險情節，但卻跟我們日常生活有某種相似感。

試想，每天我們在辦公室裡不斷忙著，有時候都不知道在忙什麼，只聽見從早到晚開會，氣氛火爆，或者電話裡人人氣急敗壞的催東催西。然而，有時候只要把自己放空十分鐘，靜靜聆聽自己內心的聲音，也許就可以讓原本你花一整天都處理不好的事，找到頭緒好好解決。

就好像有個笑話，有一個人氣急敗壞的跟家人發脾氣：「唉啊！幫忙找找，我的眼鏡不見了，下午還要出席重要場合，沒眼鏡我怎麼出門啊！快幫忙找啊！」

搞得全家雞飛狗跳，氣氛緊繃。恰巧來訪的熟客也是鄰居，看到大家忙成一團覺得好笑，問清楚是在找眼鏡，就跟主人說：「找什麼找？眼鏡不正掛在你的額頭上？」

其實這樣的笑話還真的常在日常生活中發生。有的團隊開會

討論新產品名稱，好不容易定案了，才發現那個名字早就被註冊了，白忙一場。或者新到一個崗位報到，接到一個任務緊張得睡不著覺，後來才發現上一任職員早就把相關東西準備好，就在櫃子裡，交接手冊都有寫，但當時都沒專心看。

下次碰到心煩意亂的時候，先不要一頭亂的瞎忙，先讓自己靜下來，事情發生就發生了，不差你這一點點時間。

許多人講求效率，但快一秒鐘出發就叫做效率嗎？就算是救護車到場救人，第一個動作也絕不是把病人抬上擔架立刻送往醫院，而是要先對病人做基本的急救或檢測動作。

就好像我們不小心把一個首飾掉到淺潭裡了，當我們急著去翻攪尋找，結果只是讓水底泥沙浮起，一潭濁水難以尋覓，此時什麼都不要做，反倒能讓潭水慢慢沉澱，等到泥沉水清，這個時候，一眼就可以看見首飾掉在哪裡。

遇到煩惱了，覺得焦慮不知所措嗎？

既然不知所措，那就先放下吧！著急也想不出好方法。

安靜，自然就可以聽到解答的聲音。

第三課：再忙，也要善待自己

想想一個情境，某天，街上依然人聲鼎沸，許多穿西裝、打領帶的業務人員邊打手機邊急忙走著，而你也正為許多紛亂的公務煩到想要大吼一聲，真想找個人來揍一揍消消氣。這時候忽然全國的電視牆都出現同樣畫面，全世界的領袖共同召開緊急會議，宣布一個壞消息。經科學家證實，再過三天有個小行星即將撞到地球，屆時所有的人類一切文明都將毀滅。

正在打手機的業務員，頓時愣在那裡。你前一秒鐘還在煩惱怎麼應付老闆交辦的事，下一秒鐘突然覺得這一切都不再有意義了，甚至覺得一切都很荒謬。

雖然這是種特例，是只有電影才會有的情節，但現實生活中，如果你總是瞎忙，總是不知為何而忙，等到有一天突然聽到某種噩耗，才發覺種種遺憾，那時所有的忙碌失去意義，不也等同於這種狀態？都同樣是有種荒謬感。

我並不是在鼓吹人們對工作不要認真，反正人生無常。的確，人生無常，但不該因為無常，我們就該放蕩漂泊，我們還是要記得，我們生活是為了「更好的自己」。辛苦賺錢，最後不是為了把錢留子孫，自己卻在病床上抱憾離世；工作奔忙，最終是要讓世界更美好，不是為了讓自己血壓升高。

　　所以生活美學是一種「對自己好」的學問。別以為這件事很簡單，實際上，很多人忙了大半輩子，卻忘了怎樣對自己好。別以為可以吃喝玩樂就是對自己好，那只是純粹感官上的短暫享受。真正對自己好是一種心靈放鬆，是一種就算獨處於室內也可以好像有遨遊天際般的快樂。

　　這樣的快樂需要學習，至少要讓自己放慢腳步，處在忙亂的狀態是無法想事情的。

　　我在社區大學上課時，曾邀請學員參與一種分享遊戲。我把學員分成很多組，每組四、五個人，一組有二十五顆豆子。活動的方式很簡單，不是競賽，而是讓每組成員各自出發去其他組，依自己的心情隨機拿豆子回來，自己這組外出去拿，同樣的，別組也會到我們這組拿。忙了一陣子後，找個時間停止活動，每組統計桌上的豆子。有的組明明每個人去其他組拿了很多豆子，但到頭來豆子又被拿光，白忙一場。因為人是互動的，當我們貪心拿取別組的豆子，別組也會跟我們多拿。

　　這遊戲不是競賽，沒有誰贏誰輸。但參與的人都投入自己的時間，很可能忙半天，豆子沒變多，甚至還變少。這其實就很像許多人的生活寫照，每天看起來很忙，但到頭來得到什麼呢？自己都不清楚。

　　透過這遊戲是要讓大家反思，如果忙半天仍停在原點，還不

如過程中好好善待自己，喝一杯咖啡再工作，可能事情還會運作得更順暢。

第四課：跳脫原有的思維

生活美學是什麼？不論是什麼，絕對比我們原有的世界更遼闊。試想，假定有一個人從一出生就住在地底洞穴裡，直到老死，他再怎麼有想像力，也不知道什麼叫陽光？什麼叫海洋？因為那根本完全不存在他的思維裡。同樣的，我們每個人可能生活圈比地底洞穴寬廣，但依然有所侷限，除非我們願意去見識更廣闊的世界。

某個金融從業人員，可能每天生活就是數字行情以及辦公大樓的環境；某個農夫可能整天就是生活在純樸的山村裡，他們可能一個銀行存簿裡餘額數字較高，另一個較少，然而，他們同樣都將大部分人生封閉在某個有限的世界裡。跟農夫談後現代藝術之美，他可能完全不懂，但跟金融從業人員談晨曦裡草葉上的露珠，他也不懂。

美，需要跳脫自己原本的領域。美學經驗，往往也能啟迪思想新境界。

　　所以我知道許多廣告公司或行銷企畫工作者，要發想一個好的活動企畫案，要打造一個好的產品文宣，絕不是只靠上網Google資料就好，也不是幾個高學歷者坐下來腦力激盪就好。真正的好案子，那種讓人眼睛一亮的案子，經常是來自於生活的體驗，否則就只是一堆文字的堆砌。就算上網抓到一張超美的霧海濛濛美景，搭配一些如夢似幻的詩句，少了實際的體悟，沒有深度，就沒有靈魂。

　　生活需要創意。事實上，就連我們擺脫苦惱這件事，也需要創意。

　　為什麼我們會苦惱，多半是因為我們循著舊思維想事情，怎麼想就是鑽不出死胡同。於是整個人坐困愁城，整天愁眉苦臉，跟身邊朋友互動也不好。

　　我在社區教室裡，會帶大家參與一個活動，一種自我創作的活動。

　　是用蠟筆或美術鉛筆嗎？不！如果是那樣，仍是落入傳統模式。我會帶學員們用樹枝做畫，甚至用甜點做畫。當然，說是「畫」，其實不是用畫的，而是用拼的。試著用有限的樹枝及毬果，拼出你自己的樣貌，或者試著拿翠果子、小餅乾、糖果等拼出自己。

　　既然都已經不依正常模式，那麼大家索性就拋開拘束，天馬

行空的亂拼。往往拼出來的「自畫像」充滿巧思，當大家彼此笑鬧著分享彼此的圖，他們內心也會有一個新的想像空間──原來我也可以是這樣的我。

曾有人原本因為家庭的事情煩惱著，當他用豆子拼出自己的眼睛，忽然自我解嘲的說：「其實我就是這樣『目光如豆』啦！所以看事情就比較狹隘。」

在他自我解嘲時，原本的問題也同時找到了答案。

當你碰到困難，怎樣都像鬼打牆般走不出去時，可能是因為你一直都在舊的框架裡走。試著拋開這些，可能出去散散步，去海邊走走，去水潭邊看著夕陽下映照著的自身影子，也許你的心會有不同體悟。

沒有靈感時，需要出去旅行一下，我喜歡到農園散步，那是一個融入美學、文化、環境教育與觀光休閒、體驗好地方。凡事都定時跟定期跟著二十四節氣的大自然律動，何時該種下什麼作物，我們就按部就班循著工序去細心栽植、照顧。

大自然生存之道，簡單的循序漸進，沒有過多的奢求。簡單的欲望，感覺每件事情就應該要這樣簡簡單單，有時候想太多自己反而就不快樂，人生為什麼要那麼辛苦？

格外珍惜大自然教導我的生活之道：「身體是累的，而心情是愉悅而滿足的。」

第五課：獨處也是一種學問

　　許多時候，我們生活會發生困難，原因可能出在於太依賴。

　　如果一個人在過往總是聽命於主管，總是一個指令一個動作，當要他獨當一面時，就會心生恐懼，不知道如何處理種種的狀況。那是因為在過往被人領導時，沒有好好的學習，總是想著：「反正出事，有上級頂著。」等到自己變成「上級」的時候，才發現自己根本沒有準備好要去領導別人。

　　想想，是不是我們很多的問題都是因此而生。

　　年輕人在家中太依賴爸媽照顧了，一旦進入社會工作，動不動就覺得別人對他不好，老闆交辦事情，認為老闆找麻煩，同事間互動，總覺得自己被排擠，這種人已經太依賴「被照顧」，而忘了如何自己做人際關係。現代人則非常依賴科技以及種種方便的設施，萬一哪一天突然停水、停電，不能打電腦、不能看電視也不能洗澡，忽然不知道自己該怎麼「生活」了，但實際上，歷史往前推五、六十年，那年代的人不也是這樣生活得好好的？

　　或許有人覺得以上的案例比較誇張，自詡為比較成熟獨立的人，但仔細想想，我們真的那麼獨立嗎？也不盡然。

　　在家裡我們是否太依賴妻子了？碰到問題的時候，是否太依賴網路了？

有一個聽起來比較傷感卻總是會發生的事，那就是人與人相處，終究都會面臨分離。人總會變老，老的時候，往往伴隨著孤獨，如果年輕的時候不學會怎樣面對孤獨，那老來會很辛苦。

我鼓勵人們體驗生活、品味生活，一方面是感受美學，一方面也要養成獨立。

試著想想，如果現在只有一個人，你可以做到什麼事？什麼事又是你做不到的？

有的人是能力問題，例如不會煮飯、不會洗衣服，這些其實還好，至少是可以去學到的，但比較嚴重的，是如何自己一個人思考。

有的人擅於問別人意見，乃至於自己都不懂得思考了。想想，經常受電視新聞影響的你，是不是什麼評論都只是照電視主播的觀點，對於社會各種現象，你是否有「自己」的意見？

我經常鼓勵我的學員，每天找一段時間記錄一下自己。別以為你什麼都知道了，當你用筆寫下來的時候，你就會發現自己不一定知道。要你記錄今天做過哪些事，你可能忘記了，或者記得了，但說不清楚你為何要做那件事。

我覺得，書寫是磨練自己思考的好方法。

我們要學會思考，要學會獨處，要學會當我們處在天地間，能夠自己感受風雲變色及晴雨寒暑。一個地方美或不美，不需要

上網看別人的意見，你對一幅畫的評價，也不用比照專家學者的說法。

你就是你，生活美學不需要高深學歷，但非常需要用心。

想想你一個人，上面是無邊無際的天，底下是廣袤的地，你會孤獨，但你也會感受到很多的美，這是人生的現狀。

當你學會獨處，你就更懂得處理事情。畢竟如果沒對象好抱怨，你就只能自己處理事情。然後你會看到，不處處求人的你，人生有更高的境界。

孤獨的美學，就是享受跟自己獨處，這樣的生活態度是，一個人也要好好生活，一個人要好好吃飯，一個人要好好過。開始明白我的情緒，聆聽每個呼吸，生活、工作、忙碌、休息、寫日記⋯⋯以及善待這一餐。

一個人吃飯更不能隨便、不能將就，它是靜靜享受、品味快樂的最佳時機。食物有超乎想像的療癒力量，它能填飽你的肚子，更能療癒你的孤獨。

一個人吃飯，開心的是自己取悅自己。

「享受」理應是無時無刻都可以的，在漫長的人生旅途中，難免有一段或者幾段旅程是一個人吃飯的時候，學會與食物對話，享受它，也尊重它，一個人吃飯也可以不寂寞，一個人當然需要好好吃一餐。

第六課：安排一個心靈角落

　　這裡，我要介紹我在課堂上經常陪學員玩的另一種遊戲。可以稱為見面禮吧！事先我準備許多盒子，每個盒子裡裝一個小小的禮物，不是貴重的物品，只是一些小東西，如橡皮擦、迴紋針、橡皮筋等等，然後請大家一起來摸彩，摸出屬於自己的見面禮。

　　摸彩的目的是什麼？有點像占卜的概念，就是每個人摸到什麼，都可以對應他當時的煩惱，摸到什麼都是一種解答。

　　也許有人會想，我們都不懂占卜，是不是只有老師可以提供解答？其實不然，每個人都要為自己解答。並且我們可以發現，當人們拿到什麼東西，就真的會為自己解答。因為答案原本就在自己內心裡，只是需要「用心」找罷了。

　　例如有的人抽到的是橡皮筋，他就知道上天要告訴他，做人做事要懂得「彈性」；有人抽到橡皮擦，那可能代表「過去的就過去了」，不要再執著，試著用橡皮擦擦掉吧！

　　上課時，我經常請學員們自己發表感想，他們真的都說得很好。日常生活中，我們也可以幫自己進行測驗，或者安排一個時間及場地，讓自己靜下心來，不去想工作的事，只做自己喜愛的事，讓自己心靈放鬆後，思緒會更加清晰。

　　我稱那個場地是心靈角落。說是場地，可能就是在客廳安排

一個角落，擺張小桌子鋪上色彩柔和的桌布，每天找個時段，讓自己待在那裡，聽聽音樂、看看書，不特別做什麼。

心靈角落，也可以稱做美學角落，因為我們會找到讓自己愉悅的種種美麗，可能是一本美麗的記事本、一本精裝優雅的書、一盆你最愛的盆栽、一首讓你心情緩和的輕音樂……等等。

這個場地不一定在家裡，也可以在辦公室。當有煩心的事情時，先讓自己跳脫、放空，一塊布、一個桌面、一杯茶，就可以讓你得到情緒舒緩，當然，你也可以搭配適當的精油。

另外，我也經常透過心靈角落，作為我輔導朋友的角落。這時候，我是輔導人，引導對方坐好，請他放鬆，盡情的把心事說起來。我會搭配不同的能量卡，市面上有販售不同心靈機構推出的卡，這些卡上面也有附上簡單的說明。

依我的經驗，通常拿到卡的人，往往自己也會有一套自己的解釋。卡片只是個媒介，讓他們可以省視自己。否則，一般時候若不透過工具，大家都沒有習慣省視自己內心，也因為如此，才會有心理諮商這類的行業。

平常在家，我會養成一種習慣，每晚睡前坐在心靈角落，抽一張能量卡，對於如何面對明天的挑戰。這種方法看似很不「科學」，其實重點還是那句話：「最懂得詮釋自己的人，就是自己。」

心靈角落，只是一個自己跟自己對話的場域。

🥋 第七課：讓過去成為過去

　　有一個小活動——有一天老師進入教室後，問班上的小朋友：「你們大家有沒有討厭的人啊？」小朋友們想了想，有的未作聲，有的則猛力點點頭。

　　我們來玩一個遊戲老師發給每人一個袋子，說：「現在大家想想看，過去這一週，曾有哪些人欺負你，讓你生氣呢？準備一張紙，在紙上寫上他的名字，利用放學時間到河邊找一塊石頭，把他的名字用小紙條貼在石頭上。如果他實在很過分，你就找一塊大一點的石頭，如果他的錯是小錯，你就找一塊小一點的石頭。每天把戰利品用袋子裝到學校來給老師看哦！」

　　學生們一開始感到非常有趣且新鮮，放學後，每個人都搶著到河邊去找石頭。第二天一早，大家都把裝著從河邊撿來的石頭的袋子帶到學校來，興高采烈的討論著。一天過去了，兩天過去了，三天過去了，有些人的袋子越裝越大，幾乎成了負擔。

　　終於，有人提出了抗議：「老師，好累喔！」老師笑了笑沒說話，立刻又有人接著喊：「對啊！每天背著這些石頭來上課，好累喔！」這時，老師終於開口了，她笑著說：「那就放下這些代表著別人過錯的石頭吧！」

　　孩子們有些訝異，老師又接著講：「學習寬恕別人的過犯，

不要把它當寶一樣的記在心上，扛在肩上，時間久了，任誰也受不了……」

這個星期，這班的同學上到了人生中極寶貴的一課。

袋裡裝入越多、越大的「石頭」，心中存留越多、越深的仇恨，所造成的負擔就越重。

讓過去成為過去，那就放下這些代表著別人犯過錯的石頭。如果我們渴望有一個全新的開始，你必須要放下那些讓你很累的過去，不要去紀念從前的事，關於過去不要放在心上，也不要去思考不要再把它叫回來，過去的那個人、那個環境、那個遭遇、那個世界，已經是昨天的事，上個月的事、去年的事、過去的事，不要把記憶叫回來，不要把那個感情叫回來，不要再把那個印象要回來。

讓過去成為過去式，就有勇氣力量勇往直前，忘記背後，努力眼前，向著標竿直走，當一個人往前奔跑的時候，有一些東西會攔阻贏得美好的未來，那就是過去的重擔。

 第八課：美學是一種生活態度

日出而作，日入而息，逍遙於天地之間，而心意自得。

最近地震災難頻繁，當災民一夕之間失去財產，災難來臨時，心情是恐懼害怕，失去平衡。每一個時刻想到的訊息波，都到干擾到情緒的平衡。

這時我就會開始學習靜坐，保持靜坐姿勢，在其中覺察。

有二個英文單字很有趣。英文單字 stressed（壓力），與 desserts（甜點）這兩字，似乎有微妙的關連，是哪一點相關呢？仔細一瞧，好像沒什麼關係嘛！

可是再看一下，stressed 這個字從後面倒過來拼寫，不就是 desserts 嗎？所以把壓力看成甜點，只要你能逆向觀看，會有一番別的巧思。

人生有許多「壓力、挫折」，只要轉個念、換個角度看，竟也會成為我們生命中的「甜點」。

生命中總難免有困境、有壓力、有悲傷、有失落，有些事是可以解決的，有些事卻只能面對。無論如何，情緒化都不能解決事情，情緒化也無法讓自己平靜。

美學，似乎是一種唯有衣食豐足才有辦法做的「額外」的事，其實這是錯誤的認知，美學是一種成熟面對生命的態度。有著美學素養的人，看世界的格局不一樣，當面對人生種種的遭遇，諸如任務挑戰或者重大打擊，如親人過世、生老病死等等，都能比較用洞悉睿智的方式去處理、去面對。

　　什麼是美學？美學是一種感性的體認和感覺經驗的累積。

　　我非常喜歡自己將美學落實在生活當中，在生活中時常自己動手下廚、和家人一起享受美食、作家事、改變家具的擺設、放鬆心情的聽音樂泡澡、騎著腳踏車去郊外探險，你會發現，生活中處處有美，時時有美。

　　美學要和生活緊密結合，生活之中，不一定要去美術館、畫廊欣賞畫展才是美，也不一定要去聆聽一場音樂會才是美。有時只要能讓心靜一靜，沉思一些事物，萬物靜觀皆自得，處處留心皆是美。認同自己的生命，用心體悟，專注認真的生活，即是「生活美學」。

　　美學的重點是「生活」，生活需要小火花，生活也需要情趣。

　　快樂的境界幾乎很難自己掌握，也很難到外界去找，自己能掌握的只是一顆內在的喜悅的心。養成習慣，時時刻刻懂得把握喜悅的心，留意生活細節中的小快樂，點燃生活中的小火花，來享受快樂的一生。

　　美應該是一種生命的從容，美應該是生命中的一種悠閒，美應該是生命的一種豁達。

　　生活的美學並不沈重，它來自於對自己的省視與生活的觀察。我喜歡直探事物的本質，不因外在影響了事物原本應有的樣子。運用每一個發現，都能成為創意，這便是一種美學。

　　心靈只要有餘裕，人就會變溫柔，也會湧出向新事物挑戰的能量。

　　心靈一旦有空間，人就會更平靜，面對周遭的人事物將能從容以對。

　　你的心靈就是一個行李箱，請練習整理出空間，把好的能量釋放出來。

老師簡介——謝秀慧

謝秀慧老師是個人生思考者，以及人生品味者。

曾自問：每天，生活是什麼？幸福又是什麼？

年輕的時候秀慧老師很肯定又自信，相信月下老人所牽起的紅線，讓她幸福洋溢在臉上。後來她感到有些不公平，男生結婚後都可以住在自己熟悉的家，而她卻半夜常常因為想回家與想媽媽而哭泣！這使她嚮往起自己單身的生活，一個人生活是很幸福的吧！後來註生娘娘讓她有了孩子以後，應該就會更加幸福美滿吧！但她還是感到氣餒，因為結婚且有了小孩後，卻把自己的時間跟心思全部都占據。

秀慧老師告訴自己，孩子們還小，等他們長大了一切就好些吧！但她仍然感到惶恐，因為孩子們進入青春期後，她必須關懷注意他們的一切，心想當孩子渡過了這段青澀時期以後，就會更加幸福吧！原本以為可以和先生一起攜手，共同面對孩子成長的教養與家庭生活的一切，應該會更加穩定吧！實際上卻因為先生工作事業的關係，需要遠派調到中國大陸工作四年。

此時，秀慧老師開始明白，生活的道路上總是布滿障礙，需要一步一步的經歷挫折，需要完成一些工作，需要付出時間，需要付出金錢，這樣生活才能開始。

　　秀慧老師才開始了解到，生活是一連串苦難磨練出來的，障礙也就是生活吧。當秀慧老師獨自勇敢、獨立、接受、並面對家庭生活的這些年期間，終於清楚的明白了一件事，原來很堅強的人背後，是多少的淚水、多少的辛酸、和多少的取捨所建構出來畫面。

　　現在的秀慧老師，生活中仍然充滿著挑戰，秀慧老師體認到只有戰勝自己的心魔，接納不完美的自己，就是對自己慈悲；當秀慧老師放慢腳步且輕柔的呼吸時，就能發現自己原來是有個人特質與潛能的；秀慧老師最喜歡分送快樂與樂觀給每一個人，看到身邊的家人、好友，感受到溫暖在心頭的笑容是秀慧老師最開心的事。

　　相信生活中所做的每一件事都有其存在的價值意義，曾經報考研究所失利的秀慧老師，從不覺得落榜有什麼不好，重要的是有沒有看到自己在進步？過程中有學習到哪些？金榜題名與落榜都是一種收穫，更是一個起點，因為不同的學習才正要開始！

　　生活要正向、幸福不等待，用心感受享受生活中的缺陷美好，做一個有品味的自己。

　　秀慧老師對自己人生的定位：

1. 我是有智慧的媽媽；

2. 我是一位終身學習的推廣者；

3. 我是激勵團隊的高手；

4. 我是女性企業家;

5. 我對社區教育有關注;

6. 我喜歡閱讀書籍、演講;

7. 我對弱勢團體有關注;

8. 我愛護南投人,喜歡南投好地方;

9. 我重視健康保健照顧好身體;

10. 我是享受生活的美學家。

📝 基本資料

【學歷】

國立臺灣師範大學社會教育研究所教育碩士畢業

【專長】

成人終身學習、高齡社會教育、兒童團體輔導、家庭親職教育、生活文化美學、創意思考訓練。

【工作經驗】

兒童安親班補教業 18 年、家長成長團體成人教育 12 年、經營餐飲事業 3 年、經營養生保健事業、節能省電 LED 事業。

【社團經歷】

- 臺北市南投縣同鄉會第 21 屆 2015-2016 年總幹事
- 臺北市南投縣同鄉會第 22 屆 2017-2018 年總幹事
- 中華華人講師聯盟第七屆理事;第八屆會擴主委
- 世界華人工商婦女企管協會總會 2014-2018 年國際理事
- 世界華人工商婦女企管協會臺北第二分會 2014 年會長
- 世界華人工商婦女企管協會臺北華星分會 2016-2018 年常務理事

- 社團法人中華民國社區教育學會 2015-2019 年監事
- 中華國際領袖協會 ILF 國際顧問
- 臺北市菁英婦女發展協會
- 中華企業經營管理顧問協會
- 臺北市臺澎金馬總幹事聯誼會
- 臺北市城鄉文化經貿交流協會常務理事

【演講邀約聯絡資訊】

聯絡電話：0921-126086、182-50871860

FACEBOOK：https://www.facebook.com/100000009454221

LINE ID：hsieh0726

WeChat：hsieh0726、Hsieh18250871860

IG：alicehsieh0726

Email：hsieh0726@gmail.com

錢滾錢的最高境界
財富自由超級捷徑

授課老師：王證貴

談錢太銅臭？談錢沒文化？

但我們每天從睜開眼睛開始所做的每件事都需要錢，起床打開電燈，電費要錢；刷牙、洗臉、上廁所，水費要錢；出門車錢、吃飯菜錢。就算什麼事都不做宅在家，房租、貸款、稅務，人的一生永遠都被帳單包圍著。

所以，在本書有各個領域的老師談各種生活層面的技能，就讓我來扮演比較世俗的角色，來談談怎樣賺錢吧！

第一課：人，一定要讓自己遠離貧窮

讓自己遠離貧窮，是一種責任；幫助別人擁有智慧、遠離貧窮，更是一種大愛。但是從小到大，學校的教育不曾教學生如何賺錢，如何用錢滾錢。

快樂是人生最重要的學問，快樂是我們必須追求的目標。生命真的很短，每一天都不應該浪費，我們每一天都應該要快樂，而人們想要得到快樂的人生，第一重要的事，就是解決沒錢與沒時間這兩個超級難題。

要享受快樂人生，有三個重要步驟：

第一步驟：盡早努力讓自己獲得財富自由。

第二步驟：用財富換得時間與身體的自主權。

第三步驟：生命自由、靈魂自由、享受美好人生。

最終目的讓自己身心靈重歸快樂寧靜，能夠讓自己及親愛的家人享受歲月靜好、逍遙自在、平衡無憂、自然和諧，這是生活與生命的最高境界。

我是王證貴，筆名史托克，我的人生使命願景，是運用我已經研發超過三十年並不斷優化，且確實通過臺灣股市 20 多年實戰的嚴酷考驗，精準無比證明可以成功賺取暴利的「史托克操盤術」，要來幫助臺灣人民讓大家過富裕美好的生活。

過去 20 多年，我以白紙黑字的報紙專欄文章，讓數萬名讀者見證操盤術的精準預測，讓數千名來聽我演講的來賓，親身目睹股市完美滿足點的奇蹟，以百餘篇的專欄文章幫助相信我的讀者，多次擁抱財富、避開崩盤，也為我自己創下至少 15 次以上，成功預測歷史最高點最低點的超級世界紀錄。

我很有自信也自我期許，我不僅能夠幫助一般的上班族、窮苦族、月光族，以及存款不足的人們，即使過去你的投資理財觀念完全是一張白紙，從來沒有過投資股票期貨經驗，只要給我兩天的時間，也能夠輕鬆學會我無堅不摧、賺取暴利的操盤絕技。

精熟史托克操盤術以後，能夠讓人們在五至十年內，輕輕鬆鬆讓自己過上財富自由、享有富足安康的生活。

幫您提早 20 年退休享受生命，讓身心靈及家人都能獲得安頓，享受真正的逍遙自在、真正的自由自在的生命。

我更期待自己，將來有機會能為政府訓練 100 個索羅斯級的超級操盤高手。訓練完成後，分派到國外各個國際金融中心，幫助政府靈活善用臺灣龐大閒置的外匯存底，在國際金融市場打贏未來的國際金融戰爭。

我期待能夠用我的操盤術，為國家創造龐大財富，能讓臺灣 2300 萬人民過著快樂幸福的生活。

第二課：了解財務重擔的根源

生命中有許多的問題與煩惱，之所以無法解決，多半是因為錢賺得不夠多。

現在的社會越來越 M 型化，少數人很有錢，富可敵國；多數人很窮苦，貧無立錐。

為什麼社會上很多人，都知道也了解投資才能致富，但是終其一生都沒辦法存到足夠投資需要的本金？原因很簡單，人一輩子有些時間點就是會花大錢。譬如：買車、結婚、生小孩、買房子、退休，都要花大錢，都會用掉當時辛苦積攢、省吃儉用節省

下來的存款。

更何況我們的日常生活有著十大重擔，使得很多人的人生不再美麗，想起來就讓人頭皮發麻，造成年輕人的壓力，形成成年人的憂鬱。

根據報載，臺灣有 166 萬的家庭，被生活十大重擔壓得喘不過氣來。有些家庭不但存不到錢，還必須倒貼借錢負債過生活。貧窮者的問題就在於，他的錢很難由生活費用變成資本，更沒有資本意識和經營資本的經驗與技巧，所以貧窮者只能一直貧窮下去。

生活十大重擔如下：

1. 房租、買房頭期款、房貸、車貸、信用貸款；
2. 子女教育、補習、才藝學習費用，以及自己的自修學習費用；
3. 家庭家人相關費用：食衣住行、交通休閒、旅遊戀愛、浪漫費用；
4. 全家保險費以及健保勞保費用；
5. 所得稅及各種房車稅金，包括罰單罰款；
6. 長官親友婚喪喜慶，紅包白包、聯誼餽贈；
7. 家庭成員以及父母，生老病殘、死亡費用；
8. 平時孝親、敬老照顧，回饋父母養育之恩的費用；

9. 失業或退休、收入中斷，退休養老、儲備金的準備；

10. 最後就是幫自己送行，辭別人生的最後一筆費用。

了解財務重擔的根源，重新思考自己的理財方式，才能有機會脫離貧窮。

第三課：向有錢人學習理財吧！

我們必須謙虛，和世界上的超級有錢人學習。

世界上的超級有錢人，往往都非常具有投資智慧，眼光高遠精準，能夠抓住趨勢，看到機會的來臨，勇於積極投資下大注、敢於放大財務槓桿，我們必須真心跟他們學習，如何錢滾錢致富的祕訣，人生才能有改變。

有錢人致富通常有三大途徑：

1. 不動產：

賺取人口紅利趨勢帶動的經濟成長與通貨膨脹。

2. 讓自己的公司股票上市：

印股票換鈔票，吸收並運用投資大眾的資金。

3. 創業開公司：

做只有你懂、別人都不懂或不太懂，獨占、寡占的行業。

現代許多人都已經懂得這個道理，所以拚命想要學習創業知識管理技能，以及研究理財智慧投資工具。但是請注意，猶太人有一句最重要的智慧箴言：「在沒有經過長期驗證之前，不要相信任何人，尤其是有關錢與投資的事情。」

臺灣有非常多人讀過《富爸爸窮爸爸》這本書後，都嚮往著成為投資者或企業主，能夠擁有自己的事業或者是擁有被動收入，期待能夠因此脫離貧困。

很多人因此走入了直銷傳銷系統，想要靠人拉人、靠組織靠系統，讓自己輕鬆走上致富之路。但做傳銷直銷失敗的人實在是多不勝數，能夠成功的多半是創造傳銷系統者，或者是最早加入走在最前面的少數人。連因撰寫《富爸爸窮爸爸》紅極一時、撈金無數的作者羅伯特・清崎，最後都苦嚐公司破產、倒閉欠稅的命運。

這件事告訴大家，創業及投資是一件極為重大的事，創業之前你必須謹慎評估、詳細調查。投資之前對主事者要聽其言、觀其行，不要人家說什麼你都相信，否則最後下場就難以保證。

基本上創業並不容易，公司會倒閉可能有一千個原因，所

以每一個老闆都不簡單。中小企業處曾經做過一個長期的統計調查：新創公司 90％一年會倒閉，前五年的陣亡率更高達 99％。創業公司十個創業九個死，沒有倒閉的已經算是很不容易了，能夠不虧錢還能賺錢，而且能夠擴展壯大到上市上櫃規模的，更是鳳毛麟角。

經常被列入世界富人排行榜第一名的股市之神巴菲特，曾發表讓他致富的哲學「雪球理論」。他說他的致富哲學很簡單，首先要有一個雪球，接下來要找到一個很長的雪道，接下來就很輕鬆了：只要把雪球滾下雪道，雪球就會自動滾出驚天動地的財富。

清代的紅頂商人胡雪巖也說過：「**窮人翻身靠技（學技術），富人致富靠勢（懂趨勢）。**」

窮人靠薪水年終，有錢人靠的是錢滾錢。有錢人眼光精準，擅於觀察掌握趨勢，懂得利用趨勢賺錢，讓錢幫他們工作，用錢去滾錢並達到複利雪球的效果。

 第四課：注意投資市場陷阱

人不理財，財不理你；你若理財，財會咬你。

許多年輕的族群，深刻了解若是單單依靠上班領薪水，長

期入不敷出，勢必陷入貧窮困境，了解必須藉由學習投資理財智慧，才能翻越財富自由的高牆，享受自由自在、生活無憂的未來。

好在隨著投資工具不斷推陳出新的發展，現代人已經不需要像過去，花費多年時間儲蓄第一桶金，才能開始進行真正的投資。現在只要具備少少的資金，就能藉著諸如期貨、權證這些高槓桿的工具，進入股市、期貨、外匯金融投資的世界。憑藉著學到的一招半式或者是夠幸運，就能在短期內以錢滾錢，幻想從此享受高報酬高獲利的財富果實。

但俗話說：「水能載舟、也能覆舟。」通常好景都不長久，長期而言，這些人多數到最後，若沒有具備完整的策略方法紀律，終局還是血本無歸，退出市場，因為他們不懂股市及投資有許許多多的盲點與陷阱。

史托克是過來人，所以非常了解，要想成為長久的股市贏家，要具備許多的條件。諸如：精確的買賣點掌握、完善的資金運用策略、正確的觀念與心態、嚴謹的規避風險的技巧、面對各種狀況的進退應對方法。因此許多職場小白兔、股市小肥羊，通常都會在投入資金後一、兩年賠光輸光，最後黯然退出市場。其他少數存活下來且意志堅決的人，仍然要花費多年的時間，繳交可觀的學費，探索成為股市贏家的成功之道，學習鍛鍊克服自己人性的心魔。

筆者在法人機構中研究股市操盤術已經 30 多年了，深知股市投資充滿了不確定性。不論是資深或初學，在踏出每一步時，都必須有如履薄冰的審慎。第一步踏對了、踏穩了，才能繼續走第二步，有如摸著石頭過河一般，不要還不知道河的深淺暗流，就大舉投入所有資金，必須低調學習且必須做好維護安全的所有準備。

操盤人絕不能心存僥倖，刻意忽視了危險的徵兆，否則財富遲早會被股市不測的風險所淹沒。

第五課：抓住股市的韻律

常有學生問我：「老師，我想要學習投資理財，盡早讓自己財富自由，我應該如何『正確的』開始？」

是的，開始是一件事，如何正確的開始，又是另一件事。

巴菲特曾在《富比士雜誌》上說道：「未來從來不明確，你付出極高代價投入股市，只為買一個讓人心安理得的共識。長期價值投資的買家，一向是與不確定性為伍。」

的確，股市有許多不可測的因素，因此數百年來有無數智慧超群的學者專家，他們運用各種統計數據、經濟模型、迴歸分

析，甚至動用了超級電腦，希望找出股票市場漲跌變動的成因及模式，結果統統失敗了。只好說股市有如蝴蝶飛行是隨機漫步，沒有一定的軌跡方向。

通常我們只能隨著股市的變動，自行找尋趨吉避凶的方法，因此有人就總體面、有人就產業面、有人就資金面、有人就獲利面、有人就籌碼面、有人就技術面……從各種不同的角度切入，以種種的方法想要預測股市的漲跌，但長期研究下來仍然績效不彰。股市始終有如黑暗迷宮，裡面還有眾多的妖魔鬼怪、兇猛野獸，最後總是受傷慘賠、落寞退場。

筆者是老莊信徒，這幾十年來想法總是特立獨行與眾不同，一直秉持著「大道至簡」的精神，單純的認為，股市許多的學理，大多是雜音與陷阱。

事實的真理是：股市漲跌完全取決於資金與信心，當人們有了信心，股市就有了支撐，股價就不會再下跌；當人們有了資金，股市只要一回檔，資金就會積極買進，股價就會節節高漲。

臺灣加權股價指數就是本尊，是所有經濟訊息的超級領先指標，所以不要捨本逐末，不用花費那麼多的心神，去追逐影子的幻象，否則很容易被陰謀者刻意誤導，聲東擊西、上沖下洗，老是讓人陷入無法自拔的錯誤陷阱之中。

史托克長期研究股市，想告訴大家：學投資理財，應該從藝

術、美學、力學韻律、基因，尤其是人性去著手研究，有一天你終會恍然大悟：原來股價的變動竟是這麼有韻律、這麼有節奏、這麼有次序、這麼樣的完美。

要了解股市的趨勢變動只有三種，不外漲跌盤，學會史托克的操盤術，就能輕鬆看懂趨勢。看對了趨勢，自然就能掌握支撐與壓力。看得懂支撐、壓力，自然就能夠精準的掌握買點、賣點，並且正確的設立停損點、停利點，就能高枕無憂的從股市、期貨金融投資中獲取暴利。

大家要了解，趨勢一旦形成，短期內就不會改變，因此就會產生慣性韻律的波動，最少都會持續好幾個月，甚至持續數年之久，以美國為例，多頭趨勢就已經進行了 8 年多了，幾乎創下歷史最長的周期。

股市、期貨的超級高手，就可以在趨勢剛扭轉時在低檔布局，把部位買滿買好後躺著睡覺，或在其中回檔時加碼買進或高出低進，就能獲取驚人的利益與報酬。操盤手若能再加上善用期貨權證等高槓桿工具，一年的報酬率 100％根本只是小兒科，年獲利超過 500％到 1000％都有可能，都不算誇張。

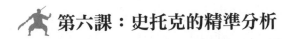

第六課：史托克的精準分析

想讓自己脫離貧窮，獲得財富自由，必須學習到最正確的投資理財智慧。

我曾任職於法人機構壽險投資部，擔任資深研究主管職務，個人在股票及期貨金融市場，有超過 30 年的法人理財投資經驗與資歷。初期十年在壽險公司投資部操盤室，經過十年的韜光養晦的修練後，因緣際會在 1995 年開始以「STOCK 史托克」為筆名，在當時的第二大股市專業報紙《產經日報》（僅次於第一名的《財訊快報》）阮浩然社長的盛情邀請下，為我開闢了「壽險看盤」專欄，讓我可以發表對當時股市的看法。隨後將近 20 多年的時間裡，我寫下了 113 篇文章，超過 20 次以上白紙黑字的紀錄，精準預測臺灣股市歷史高低點不下 20 次，創下了前無古人、後人難追的臺灣股市歷史傳奇。

當時《產經日報》阮社長對於我能夠長期精準預測股市的能力，深感震撼驚奇。在 2001 年 10 月應讀者要求，在徵得我同意後，蒐集我過去十多年在「壽險看盤」專欄所發表的全部文章，特別為我出版了一本書，書名為《臺股崩盤啟示錄──發現股市的奧祕》，隨後不久，因為證券市場熱度逐漸不再，證券公司提供網路免費軟體興起，專業報紙難以生存，個人也就此停筆，不

再報紙上發表股市看法。僅偶爾心血來潮時，對我參加多年的社團「中華華人講師聯盟」的老師們，發表當時我對股市的看法預測。

2014 年，華人講師聯盟邀請了在華人出版界赫赫有名，出版過 200 多本暢銷作品，享譽國際的亞洲八大明師首席——王擎天博士前來演講，交換名片時，他看到了「史托克」這個名字，盛讚我過去文章對股市的看法幾乎是百戰百勝，因此他力邀我擔任 2015 年世界華人八大明師的演講貴賓，並極力邀請我，希望能將過去我所發表過的所有預測文章編輯出書。我欣然同意，也藉此將我過去所有發表的文章，彙集做成一個完整的個人紀錄，留下一本書，做為我一生的紀念。

於是在 2014 年 4 月，臺股即將漲到 10014 最高點時，出版了我的書，書名為《臺股漲跌精準預測實錄祕辛》，我在最後一篇文章提出預測警告，指出臺股上萬點已經達到我半年前預測的最高點目標，並指出 2014 年下半年，世界股市及臺股很凶險。

果然在本書出版後，臺股及國際股市開始暴跌，臺股在三個多月的期間暴跌了近三千點，有興趣的讀者可以購買此書了解詳細內容。

我過去撰寫的白紙黑字專欄，驚天動地、轟動臺灣股市的紀錄如下：

- 1995 年 06 月 15 日演講「登峰造極操盤術」破解 7228 大崩盤
- 1995 年 10 月 12 日演講「上帝之手操盤術」預測 4474 大買點
- 1997 年 03 月 14 日演講「躺著睡覺操盤術」提示 8599 大賣點
- 1997 年 09 月 19 日演講「百戰百勝操盤術」預測 10256 大崩盤
- 1997 年 11 月 14 日演講「隨心所欲操盤術」預測 7040 大買點
- 1998 年 02 月 10 日演講「趨吉避凶操盤術」預測 9378 大崩盤
- 1998 年 08 月 29 日演講「睡以待斃操盤術」預測 6219 大買點
- 1999 年 02 月 05 日演講「股市煉金術點金棒」預測 5422 大買點
- 1999 年 03 月 09 日演講「臺灣股市最高機密」面面俱到 選飆股
- 2001 年 10 月 13 日演講「大底的測量方法」預測 3415 大買點

- 2002 年 04 月 13 日上課「操盤手特訓班上課」預測 6484 大崩盤
- 2002 年 10 月 28 日專欄「產經日報專欄發表」預測 3845 大買點
- 20032 年 01 月 24 日上課「超級量價崩盤指標」預測 5141 大賣點
- 2003 年 03 月 14 日專欄「SARS 恐慌買好睡覺」預測 4044 大買點
- 2004 年 03 月 15 日演講「臺灣股市會崩盤嗎？」預測 7135 大崩盤
- 2004 年 08 月 05 日上課「崩盤是天上掉下禮物」預測 5255 大買點

更多精彩預測詳見我在 2015 年 5 月出版的《臺股漲跌精準預測實錄祕辛》書中。例如 288 頁，2011 年 09 月 05 日預測黃金 1920 美元將是歷史最高點，例如 297 頁預測臺股 10014 將會大崩盤，2015 下半年世界股市很凶險。

2018 年 02 月 03 日時，我在演講「錢滾錢的最高境界」時預測 11270 大崩盤，我向貴賓們出示臺股以及美股 26616 已到達完美滿足點，多頭結束的圖形。

第七課：找出輸贏背後的原因

為什麼過去很多人投資股票期貨或金融商品結果總是賠錢？輸的原因為何？

過去人們投資為何會經常失敗，總結原因不外乎觀念錯誤、工具錯誤、方法錯誤、資金策略錯誤，又老是被電視媒體不斷誤導，以至於投資最後總是以失敗收場。

總歸一句話，就是人們總是搞錯了重點、弄錯了方向，所以投資之路老是迷途迷航、徒勞無功、輸光慘賠。尤其是過度相信報章雜誌，不知道報章雜誌的內容往往充斥了許多炒作者，或有心人士配合媒體記者，刻意誤導誘引投資大眾，讓大家逐步失去理智思考，不知不覺踏入投資的陷阱之中，最後慘遭陷害屠殺。

這也是為什麼很多人每天很努力想學習投資理財，看了許多跟經濟產業相關的報紙，訂閱了無數的周刊雜誌，投資仍然是一籌莫展，結果依然是虧損賠錢。

「知識就是力量」，這句話大家都耳熟能詳，但處於資訊爆炸的時代，全世界每天都有數千數萬則重大的訊息，國際股市此漲彼跌、詭譎莫測，時間永遠不夠，睡眠永遠不足。理論方法成千上萬根本學不完，那麼努力拚搏的結果，到最後還是一場空。

我在過去演講或上課時不斷強調，投資其實是很輕鬆的，

賺錢真的是很容易的，股票市場沒有什麼大學問，股市不外資金與信心這兩個重點。有信心支撐就有守，有資金進場，股市就會漲。除此之外，所有的新聞資訊法人進出名嘴看法，我都稱之為雜音。

操盤手的心中，只有幾個重點：

1. 支撐壓力；2. 買點賣點；3. 停損停利策略；4. 資金策略。

接著就是要做到最困難的三件事：

1. 不看盤；2. 不用大腦；3. 躺著睡覺。

不要以為這三件事很簡單，其實真的很困難，若沒有名師指點，正確練習，要不看盤、不用大腦、躺著睡覺是很有難度的。

第八課：最好的投資工具

有學生問我：「老師，我想要早日財富自由，我要選擇何種投資工具，能讓我快速錢滾錢累積財富？」

過去我在法人機構，接觸過許多的金融商品以及投資工具，30 多年的經驗下來，我要告訴大家：眾多金融商品，我認為最好的投資工具，排名第一的是「指數期貨」，尤其是「臺指期貨」（臺灣加權股價指數期貨）。

　　為何我會選擇操作指數期貨？因為操作指數期貨好處多多。只要以快樂又輕鬆、正確精準的操作方法，搭配最嚴謹的停損、停利策略，以及最保守、最安全的資金策略，經過我長期的驗證，能夠幫助投資人以最快的速度達成財富自由的人生終極目標。

　　選擇的詳細原因如下：

1. 不怕產業公司不景氣，股市永遠在，多頭就做多，空頭可做空。

2. 只要拿出少少的錢就可以以小博大，不必一桶金，不用花大錢。

3. 不用低頭向人借錢或向銀行融資貸款，只要付保證金，還免利息。

4. 花股票 1/22 到 1/25 的錢，相較股票省下很多的交易手續費及稅金。

5. 不用為了研究個股、產業、業績、財報而傷腦筋，不必擔心到地雷股。

6. 不用聽消息、看報告、看新聞、看電視、看美盤，高枕無憂好睡眠。

7. 隨時打開電視新聞或網路，都可以看到盤，只要單純看漲跌就好。

8. 在家、上班、出國、旅遊都能賺，照顧病人或自己躺在

病床上也能賺。

9. 不用夫妻兩岸相隔，不必離鄉背井，閒閒宅在家，一樣能賺大錢。

10. 有手機網路就搞定，不必開店，免請員工，不用管人，不用管事。

11. 有賺到錢不必賣掉，只要帳上有獲利就能再加碼，複利滾雪球。

12. 一年投資報酬率，不是 3％－5％，不是 30％－50％，而是最少 200％起跳。

臺股指數期貨的賺賠計算與槓桿倍數：

1. 首先期貨工具本身的槓桿很大，所謂的「臺指期貨」，就是每天電視財經新聞都有報導的「臺灣加權股價指數」，所衍生出的金融商品。臺灣加權股價指期貨屬於指數期貨商品，又分為大臺指期貨、小臺指期貨，簡稱大臺指、小臺指，期貨交易都是保證金交易。

2. 大臺指期賺賠計算，當臺灣加權股價指數漲 1 點，買大臺指期等於賺 200 元，一點代表 200 元。若加權股價指數跌一點，買大臺指期等於賠 200 元。大臺指一口（一張或一個單位）保證金約 8 萬元（8.3 萬），以買大臺

指 8 萬元臺幣保證金為例，大盤漲 400 點 X200 元＝ 8 萬元，約等於獲利 100％。

3. 小臺指期賺賠計算當臺灣加權股價指數漲 1 點，買小臺指期等於賺 50 元，一點代表 50 元，若加權股價指數跌一點，買小臺指期等於賠 50 元，小臺指一口（一張或一個單位）保證金 2 萬元。以買小臺指 2 萬元臺幣保證金為例，大盤漲 400 點 X50 元＝ 2 萬元，等於獲利 100％。

4. 用 8 萬元買股票或用 8 萬買大臺指期，槓桿倍數與投資報酬率差別：若是拿 8 萬元臺幣買股票若股票漲停板（10％）可以賺到 8000 元，若用 8 萬元臺幣買大臺指期貨，假設現在 10000 點也漲了 10％，可以賺到 1000 點 X200 元＝ 20 萬元。期貨獲利 20 萬／股票獲利 8 千元＝ 25 倍的槓桿倍數。

5. 期貨槓桿因為比股票大，賺賠也比股票多很多，開始練習建議先坑小臺指。指數期貨又可細分為：臺指期貨指數、電子期貨指數、金融期貨指數等。另外因為槓桿大，買賣點一定要非常精準，也一定要設好停損、停利，並且要嚴格執行，還要搭配資金以及操作策略。奉勸沒有學過操盤術的投資人，最好不要進股市，當然更千萬不

要玩期貨，否則很容易成為砲灰，成為股市期貨高手的養分。

☁ 第九課：掌握學習致富機會

講了那麼多，那麼讀者比較好奇的是：我很想快速變成有錢人，請告訴我，我要學習什麼？贏的方法策略是什麼？我要如何快速致富？

過去我在演講時，常會放上幾張表格，讓投資人了解我操盤術複利的可怕威力。統計過去 50 年臺灣加權股價指數，一個攻擊小波的平均漲幅約為 500 點至 700 點，取平均數 600 點為例，假設僅僅買進一口（張）臺指期契約（約花費 8 萬元），若能掌握每波低檔買進、高檔賣出的機會十次，以複利方式計算，獲利的數字將達到 6.25 億元這個天文數字（如表一）。若以保守掐頭去尾，每波獲利 400 點計算，掌握十次波段獲利機會，可獲利 8192 萬元（如表二）。即使碰上了盤整格局或牛皮行情，也絕對會有 200 點獲利，只要掌握十次小小波段，可獲利 376 萬元（如表三）。

你沒有看錯！但更令人振奮的不只如此而已，僅僅 8 萬元的

投資，這可能只是一年的投資報酬率。以我所傳授的操盤術，臺灣股市長期統計，一年大約有 8 到 12 次這種波段的機會，只要你學會並善加利用，未來您的年投資報酬率 20％根本不會放在眼裡，保守的年報酬率往往是 200％起跳。

（表一）以投入本金 8 萬元買一口（一張）大臺指期貨，
每波賺 600 點為例

漲跌點	本金	獲利 600 點 150% （1 點 200 元）	本利和
600 點	8 萬 1 口	600X200X1=12 萬	20 萬
1200 點	20 萬 2 口	600X200X2=24 萬	44 萬
1800 點	44 萬 5 口	600X200X5=60 萬	104 萬
2400 點	104 萬 13 口	600X200X13=156 萬	260 萬
3000 點	260 萬 32 口	600X200X32=384 萬	644 萬
3600 點	644 萬 80 口	600X200X80=960 萬	1604 萬
4200 點	1604 萬 200 口	600X200X200=2400 萬	4004 萬
4800 點	4004 萬 500 口	600X200X500=6000 萬	10004 萬
5400 點	1004 萬 1250 口	600X200X1250=15000 萬	25004 萬
6000 點	2500 萬 3125 口	600X200X3125=37500 萬	62504 萬

（表二）以投入本金 8 萬元買一口（一張）大臺指期貨，
每波賺 400 點為例

漲跌點	本金	獲利 400 點 100% （1 點 200 元）	本利和
400 點	8 萬 1 口	400X200X1=8 萬	16 萬
800 點	16 萬 2 口	400X200X2=16 萬	32 萬
1200 點	32 萬 4 口	400X200X4=32 萬	64 萬
1600 點	64 萬 8 口	400X200X8=64 萬	128 萬
2000 點	128 萬 16 口	400X200X16=128 萬	256 萬
2400 點	256 萬 32 口	400X200X32=256 萬	512 萬
2800 點	512 萬 64 口	400X200X64=512 萬	1024 萬
3200 點	1024 萬 128 口	400X200X128=1024 萬	2048 萬
3600 點	2048 萬 256 口	400X200X256=2048 萬	4096 萬
4000 點	4096 萬 512 口	400X200X512=4096 萬	8192 萬

（表三）以投入本金 8 萬元買一口（一張）大臺指期貨，
每波賺 200 點為例

漲跌點	本金	獲利 200 點 50% （1 點 200 元）	本利和
200 點	8 萬 1 口	200X200X1=4 萬	12 萬
400 點	12 萬 1 口	200X200X1=4 萬	16 萬
600 點	16 萬 2 口	200X200X2=8 萬	24 萬
800 點	24 萬 3 口	200X200X3=12 萬	36 萬
1000 點	36 萬 4 口	200X200X4=16 萬	52 萬
1200 點	52 萬 6 口	200X200X6=24 萬	76 萬
1400 點	76 萬 9 口	200X200X9=36 萬	112 萬
1600 點	112 萬 14 口	200X200X14=52 萬	168 萬
1800 點	168 萬 21 口	200X200X21=84 萬	252 萬
2000 點	252 萬 31 口	200X200X31=124 萬	376 萬

　　想要獲得財富自由，必須先找高贏家之路，贏家之路的終點就是財富之門。

　　想要最快速獲得財富自由的人們，想要提早 20 年退休享受生命的人們，請務必來找我、來認識我、來了解我的課程，我將會把我的操盤絕技傾囊傳授給你。

老師簡介——王證貴（史托克）

我是史托克，是全世界最有資格教你投資理財、最頂尖的操盤手訓練師。

我能夠帶領您找到贏家之路及財富之門，並且給你打開財富之門的鑰匙。

這是一個錢滾錢的時代，每個人都知道理財的重要性，但是真正能懂得為自己規畫理財的投資人則很少，以致於錯失了許多增加財富的機會。

在這瞬息萬變的金融領域中，投資工具不斷的推陳出新，如何讓自己學習到最正確的投資理財觀念，輕鬆做好理財計畫，布局未來投資方向，以降低投資風險、提升投資報酬率、快速達到財富自由的目標，將是未來真心想要脫離貧窮的人們，最重要、最必須的學習。

只要找到正確的工具，學會正確的技術，最重要的是找到最正確的老師，您的投資績效將會遠遠超越巴菲特。

📖 **基本資料**

【經歷】

- 精研百種賺取暴利操盤術
- 股市投資法人操盤 30 年經驗
- 擁有 20 次精準預測臺股崩盤大轉折輝煌紀錄
- 堪稱臺灣國寶、史上最強的操盤手訓練師
- 2017 年世界華人八大明師創業培訓論壇主講人
- 2016 年世界華人八大明師創富論壇主講人
- 2015 年世界華人八大明師創業論壇主講人
- 2017 年中華社團領袖聯合總會理事
- 2017 年中華華人講師聯盟公關行銷委員長
- 2015 年中華華人講師聯盟法制長

【現任】

- STOCK 史托克股市操盤術研修院執行長
- 曾任壽險公司證券投資部操盤室資深研究主管十餘年
- 曾任產經日報「壽險看盤」專欄主筆十餘年
- 曾任期貨公司《錢雜誌》投顧專欄主筆三年

【著作】

　　《臺股崩盤啟示錄》

　　《臺股漲跌精準預測實錄祕辛》

　　《神準！臺股錢滾錢操作實錄祕辛》

【課程】

　　史上 C/P 值最高，學到就是賺到，學會再也不用為錢事煩惱。股市賺錢絕學 3 套祕笈，史托克賺取暴利操盤術課程效能簡介（繳費後第一堂可試聽，不滿意無條件退費）：

1. **賺取暴利操盤術**：臺指期每次出手至少 50％起跳，平均 150％。每年平均約有 10 次出手機會，多頭買進一定低點，空頭賣出一定是高點，故史托克稱之為「賺取暴利操盤術」。

2. **飆漲暴跌操盤術**：主升段一定要賺到，主跌段一定要逃掉，掌握到主升段或主跌段的買賣點出手，常能賺到 300％到 500％以上的暴利。根本不用看盤，躺著睡覺，只要少少的錢、小小的雪球加上長長的雪道，就能滾出巨大的財富。

3. **逆天行道操盤術**：量、價、支撐壓力，必須三位一體同步觀察，只要能了解量價波動的韻律，就能幫助您抓取

完美的買賣點，使您的獲利及戰果擴大到最極致境界。

開課日期：每年 4 月及每年 9 月臺北開課，兩日課程（星期六、日上午及下午）。

預約上課：請 Email 報名 stock.wang@yahoo.com.tw 王證貴（史托克 STOCK）

課程洽詢：請搜尋 FB：STOCK 史托克操盤術研究訓練中心
或 FB：王證貴

報名限制：本課程僅收個人投資者，拒收外資投信投顧證券期貨操作軟體業者，以及以投資理財教學或代公司及私人操盤及有對外提供金融資訊諮詢收取訓練服務費用之人士。上課學員必須簽約保證不外傳，若有違約外傳或隱瞞以上限制身分者，處不低於新臺幣 5000 萬元之違約罰金。

成為更好的自己

授課老師：黃智遠

　　你是否曾經羨慕別人比你更優秀、更聰明、更有能力，而覺得自己根本「不可能」、「不應該」甚至「不夠格」成為一個更好的人？

　　「不可能」來自於學習經驗受限，「不應該」來自於道德或社會規範受限，「不夠格」則更是一種自我貶低。

　　如果今天我們要一隻貓成為老虎，那就真的是「不可能」的事，但如果這隻貓因為永遠不可能變成老虎而抑鬱寡歡，落寞的過一生，這是否真的就太誇張了呢？我們都知道，一隻老虎絕對可以成為很強、很優秀，在森林中虎虎生風的老虎，但貓兒也有牠的世界，優游自在，縱橫城市。

　　其實，我們有可能是那隻貓，也有可能是老虎，或者有可能是一隻老鷹。只是太多人把自己想得太無足輕重了，所以也讓自己的人生設限。

　　愛因斯坦曾說：「所有人都是天才，但是當你拿爬樹的能力去評估一條魚，那這條魚此生都會認為自己是愚蠢的。」

　　你所知道的你，是真正的你嗎？

　　我希望每個人了解「你比你想的更勇敢、更優秀、更卓越」。讓我們重新審視自己、探索自己、突破自己，發現你的能力、拿回你的力量，迎向生命新格局。

第一課：改變，就從此刻開始

2014 年 1 月 27 日（晴）

當我從戶政事務所走出來，心情是無比的沈重。剛簽完離婚協議書，這是我的第二張離婚協議書，也就是我第二段婚姻又以離婚收場了。在對自己失望、對未來絕望的同時，旋即陷入了嚴重的憂鬱症，每天想著如何結束自己的生命。

你是怎樣的你？你自以為的你，是個一事無成的人嗎？是個覺得人生沒有意義的人嗎？還是連自己明天該怎樣都不知道的迷惘者？

從小到大，我就是個很自卑怯懦的人，成長在一個父親好賭、缺少關愛的家庭。我個子矮小、學習緩慢、與人交流總是畏畏縮縮，讀小一時，老師都愛當著全班的面罵我是笨蛋，導致我只要在比較多人的場合，我的思緒就會回到小一站在全班面前被老師罵笨蛋的場景，全身細胞都會回到當下羞愧得無地自容，所以我從來不敢在超過五個人的場合說話。

想當然爾，一個認為自己是笨蛋的人，當然做任何事都做不好，每當做不好，就又再次向自己證明，一個笨蛋當然什麼事都做不好，如此無限的循環下去。

這些成長時期的陰影，不僅形塑了我的童年時代，並且還形

塑我一路到成年的人格。在我 40 歲前的人生，只能用一塌糊塗來形容。

我工作失敗，40 歲前換過許多工作，也都沒什麼成績；我理財失敗，雖然曾經擁有房地產，但到頭來還是一無所有；我婚姻失敗，連和自己的妻子都無法溝通，導致兩段婚姻最終都以離婚收場；我養生失敗，連健康的身體都被我糟蹋到差點連命都沒有。總之，我的前半生只能用一塌糊塗來形容。

而這些所有的失敗，都根植於我自己認為自己「不夠好」，我非常善於「否定自己」，想改變但心中又充滿「無力感」，我覺得不是我不努力，是我真的「找不到」人生的方向，也深深覺得自己「做不到」，內心壓力非常非常的大。偏偏滿腹苦楚，無法對人訴說、無人理解，只能困在自己的牢籠裡。終於在第二段婚姻結束後，陷入了憂鬱症當中，每天渾渾噩噩像個行屍走肉的過日子，整天想著如何結束自己的生命。

在那段時間裡，每天我心中的惡魔與天使不斷在對抗，惡魔無時無刻的告訴我，我是個糟糕的人、我是個一無是處的人、是個爛泥扶不上牆的人……，要我去結束自己的生命；天使在我狀況好一點的時候，會不斷的告訴我，不是這樣的，我是個好人、是個溫暖的人、是個願意付出的人……，堅持要我活下去。

離婚半年後的某一天，我突然清醒過來，我告訴自己，我要

改變！因此我積極尋求改變，從那時開始我逐步審視自己，並跳脫舒適圈，積極參加各種社團、協會、成長課程、身心靈課程。

過往經驗造就那個自卑、沒自信的我，豈是能像變魔術一樣，手指一彈一瞬間就改變？因為骨子裡，我還是那個自我否定、自卑、懦弱的人。古人說：「一命、二運、三風水、四積德、五讀書。」前面一、二、三我都沒有，四積德、五讀書也許還可以，雖然以前不會念書也不愛念書，但我應該可以重新學習吧！

所以我透過學習，去上了許多的課程，開始瞭解自己、接納自己，更重要的，我開始「落實」我在課程裡所學習到的知識，將它變成我的智慧，終於一步一步重新雕塑新的自己。

我是誰？我真的永遠必須畏畏縮縮嗎？還記得我說過，我超過五個人就不敢說話，跟前妻無法溝通嗎？所以我跳脫舒適圈，去面對我最深的恐懼——上臺說話，去報名訓練自己口語表達能力並自我挑戰。

而我就這樣一次又一次穿越自己的恐懼、突破自我的限制，到現在成為一位用自身經驗去激勵人們的正能量教練。後來又再報名接受專業的講師培訓，現在，我已是個專業的講師，經常受邀去各大企業演講、培訓以及出書，激勵更多人的生命改變。

不論你自以為你是個怎樣的人，你絕對可以隨時改變你的生命。只要願意跳脫舒適圈，您就可以擁有不一樣的明天。

世界潛能大師安東尼羅賓說：「**當你下定決心的瞬間**，你的生命就開始改變！」

改變，就從此刻開始！ Just do it ！

第二課：付出才會傑出

內向者要如何開拓自己的人際圈？

之前的我害羞內向，朋友不多，雖然有參與一些課程活動，但個性使然，所以並沒有積極參與，跟人也沒有太多的交集。

當我決定改變之後，第一個就是參與社團活動，以往只要是人群聚集的場合，我一定是默默躲在角落的那個人，一場活動下來，根本沒有跟幾個人有交集，甚至可能都沒有人發覺我的存在。為了突破這個慣性，我開始積極參與社團、協會活動，並主動爭取擔任幹部或活動主辦。

然而在我爭取這些事務性工作之前，我有能力可以做到嗎？其實以前的我做什麼事總是習慣性的拖延，而且從不相信自己可以做好，經常的三分鐘熱度，虎頭蛇尾。做一件事情就可以讓我手忙腳亂，更別說要同時做多件事，還要做許多的資源整合，但我抱持的信念就是──**做就對了**！在過程中，沒有資源就去找資

源，不會就去問，到最後，我一件一件的完成了許多事，能力就
在這樣的磨練慢慢培養起來，而我也變成通才型人才，進而開創
多個社團、協會、事業。如果我斤斤計較著得失，我也不會成為
人人口中優秀又有愛的人了。

　許多人總是盤算著是否可以得到回報而錙銖必較，所謂「種
瓜得瓜，種豆得豆」，付出為因，回報為果，因果關係及順序，
最終結果卻會因人的觀念、態度、行為產生極大的差異。

　跟大家分享我個人覺得很受用的處事順序原則：

1.　不是因為有了希望才堅持，而是因為堅持才有了希望。
2.　不是因為有了機會才爭取，而是因為爭取了才有機會。
3.　不是因為會了才去做，而是因為做了才能會。
4.　不是因為成長了才去承擔，而是因為承擔了才會成長。
5.　不是因為擁有了才付出，而是因為付出了才擁有。
6.　不是因為突破了才挑戰，而是因為挑戰了才突破。
7.　不是因為成功了才成長，而是因為成長了才成功。
8.　不是有了條件才能成功，而是你想成功才創造了條件。
9.　不是因為有了收穫才去感恩，而是因為去感恩了才會有
　　收穫。
10. 不是因為有了錢才去學習，而是因為學習了才有了錢。

一個人成功，不在於你贏過多少人，而在於你與多少人分享，幫過多少人。你幫過的人越多，服務的地方越廣，你成功的機會就越大；一個人在這個世界上的價值，不在於你擁有什麼，而在於你為旁人付出了什麼，付出的同時你就擁有。

付出才會傑出！

第三課：發揮潛力，你也可以變得卓越

我們都曾聽過一句話：「**發揮你的潛力。**」然而什麼是潛力呢？潛力是你我都有的一種力量，還是只有某些人才擁有的特殊天賦呢？

受到很多電視、電影的影響，我們經常會有一種錯覺，在片中只有那些男女主角們擁有潛力，因為他們注定就是要成為鎂光燈焦點，成為發光發熱讓觀眾願意融入的角色。所以打鬥比試時，只有男主角能夠學到武功絕學；參加比賽，只有女主角可以脫穎而出。

其實每個人都可以是那個男、女主角，潛力絕不是一種「你羨慕別人有，自己卻沒有」的東西，套用佛洛伊德的冰山理論，每個人就好像一座座浮在海面上的冰山，露出海面的只是我們可

以看到的一小部分，這個部分稱為意識，開發的意識只占了冰山大約 5-10％，冰山以下稱為潛意識，而我們的大腦有 90-95％未受到開發。

當有人嶄露出他冰山底下的更大體積，發揮了潛意識的力量時，這時大部分的人會說，他發揮了他的潛力。我們不必驚訝，因為他有，我們也有，只是他先找到了與潛意識溝通、開啟潛意識的那把鑰匙，而多數人終其一生都找不到那把鑰匙。為什麼我能夠在短短的 2、3 年有這麼大的轉變與成就，因為過去的磨難與挫折讓我開始大量學習，並且將生命經驗與所學做一整合，才能讓生命蛻變、重生。

所謂冰山下的潛意識，並不是說真的我們像一座很大的山，露出水面的部分越多，表示能力越多的意思。能力並不是「多與寡」的概念，而是在於「能否發揮」。眾所周知，我們在世上所能應用的種種能力，好比有人彈得一手好吉他、有人很會烹飪、有人擅長編織等等，這些都只是能力展現的「結果」。但植基於結果背後的，其實是包含一個人的「天賦」、「信念」、「價值觀」等等。

一個人覺得自己喜歡彈鋼琴，也願意付出時間、精神去學習鋼琴，他就會變成擅長彈鋼琴的人。全世界沒有一個人是天生的音樂家，雖然我們可以美稱一個人是「天生的音樂家」、「天生

的運動員」或「天生的演說家」等等，但其實所謂「天生」只是極少數的人，大多數的人都是經過天賦＋興趣＋學習＋堅持＋突破困境……等等總結而成。

因此如果一個人可以在某個領域表現很好，他也容易在其他領域也表現很好，所以當我們看到有人十項全能、多才多藝，也不必羨慕那個人，我們只要願意，也可以成為那樣的人。

重點是，我們為何「不願意」？

因為沒有「動力」！以及我們太常看輕自己了。

這來自於從小到大的教育以及成長環境影響。有的人可能學習的方式和一般人不同，他可能擅於畫畫、想像力豐富，但文字記誦比較緩慢，但在傳統以「智育」為主的教育體系裡，若沒有良師，這類孩童可能被歸類為「功課不好」的學生，並且長此以往被貼上負面標籤。

這種情況不只發生在學習成長中的孩童身上，事實上，我們每個人每天可能都被過往的錯誤認知所綁住。一個好的導師或企業家，總是鼓舞學員或員工要「發揮潛能」，那個潛能主要是指「你有某項能力，只是藏起來沒用」。只要我們發揮潛能，將自己冰山底下的實力一起融入，那麼結合正向信念、正向價值觀，我們在不同領域都可以發光發熱，做自己人生的男女主角。

人生最大的能力和成就的狀態，出現在上意識與潛意識攜手

一致的時候。許多人較少留意潛意識訓練的部分，也就是比較忽略冰下底下的部分，因此發生潛意識和上意識無法一致，甚至衝突的狀態，導致人們對自己沒信心、感到迷惘、覺得人生沒有意義……等狀態。

而影響一個人是否積極成功，往往非常需要冰山底下的部分，那占整體冰山高達九成以上比例，包括內心的感受、觀點、期待、渴望以及自我追尋等等，將這些潛在的力量發揮出來，加上選擇適合自己天賦才華的路、堅持的行動、願景使命……，就可以改變人生。

這需要專業的練習，但人人都要有的基本觀念，那就是我們都是「有潛力」的，如果「願意」，你也可以成為一個卓越的人。

動力方程式：

有動力＝（好處＞壞處）＋（收穫＞付出）

1. 好處＞壞處＝值得　2. 收穫＞付出＝划算

●有動力＝值得＋划算

沒動力＝（好處＜壞處）＋（收穫＜付出）

1. 好處＜壞處＝不值得　2. 收穫＜付出＝不划算

●沒動力＝不值得＋不划算

●沒動力＝值得＋不划算
●沒動力＝不值得＋划算

人生八字真言：追求快樂、逃避痛苦！
你找到激勵你自己的動力方程式了嗎？

 第四課：你是誰？

我從過去害羞內向、膽小自卑、喜愛逃避……到現在正向開朗、自信熱情、勇於承擔，甚至快速的從生命的低谷爬起來，有一個很重要的工具，就是 NLP ──神經語言程式學。

NLP 英文全寫是 Neuro Linguistic Programming，中文是神經語言程式學。

神經（Neuro）指神經系統，透過五種感官（視覺、聽覺、觸覺、味覺及嗅覺）而形成我們個人的經驗。

語言（Linguistic）指包括語言及肢體語言的溝通系統，包括圖象、聲音、感覺、味道、氣味、詞句、自我對話等，透過我們的神經表象，而被編碼編排和賦予意義。

程式（Programming）指謂個人神經系統使用的程式，例如

如何跟我們自己及其它人溝通，以達致自己想要的具體結果。

NLP 是研究個人如何應用思想的語言，身心合一達到我們想要的結果，其內容包括人的習慣、行為模式、內心世界、情緒喜好及對環境的反應，如恐懼、憤怒等等，這些行為都像計算機程式一樣，不斷重複操作及使用，有時我們意識到，也有時意識不到，而不自覺地重複反應著，做出有效或無效行為來影響了我們的生命。有人說，NLP 是幫助人生變得更成功快樂的學問。我是真正透過 NLP 而實質獲益，進而讓生命更成功、更快樂。

在 NLP 裡，定義出六種不同的神經邏輯層次，它建構了類似馬斯洛需求層次論的邏輯層次，由低到高的層次分別是環境、行為、能力、信念價值觀、身分（使命）到精神（願景）。

第一層次是環境層次：

關鍵字眼是「人、事、時、地、物」。

會問的是 Where 及 When？關心的是什麼人可助我達到目標？什麼事、物我可以運用？什麼時機？什麼地方？外界條件和障礙。

第二層次是行為層次：

關鍵字眼是「做什麼、有沒有做」。

會問的是 What？關心的是過程是怎樣的？事情內容？每

天、上次的做法？時間表？行動計畫？在環境中我們的運作。

第三層次是能力層次：

關鍵字眼是「如何做、懂不懂」。

會問的是 How ？關心的是有什麼其他可能？可以怎樣做？有什麼特別的能力？什麼策略？我可以有哪些不同的選擇？我還需要哪些能力。

第四層次是信念價值觀層次：

關鍵字眼是「為什麼做、有什麼意義」。

會問的是 Why ？關心的是事情應該怎樣？什麼是重要有意義的？配合這個身分，應該有什麼樣的信念和價值觀。

第五層次是身分層次：

關鍵字眼是「使命」。

會問的是 Who ？關心的是我是誰？我要怎樣過我這一生？自己以什麼身分去實現人生的意義。

第六層次是精神層次：

關鍵字眼是「願景」。

會問的是 Whoelse？關心的是人生的意義，我與世界各種人事物的關係，以及我對世界的影響與貢獻。

每個人都可以擁有這六個層次的思維，只不過大部分人可能讓自己局限在較低的層次。有句話說：「格局不同，境界不同。」所謂格局並不是要去外求而來，也不是要去學來的能力。格局其實就在於自己的體悟，就好像那座冰山，水面以下本就有很大的潛能，只待你去發覺。

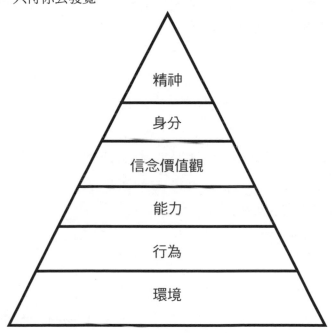

你——到底是誰？

一個人要知道自己是誰、想成為誰，如果連自己都不知道自己想成為什麼樣的人，便容易活得渾渾噩噩、虛度光陰，每個人都是獨一無二的，這正是上天賦予每個人最大的禮物。

知道自己是誰，意謂著知道自己人生的目標在哪、努力的方向為何，知道自己人生的使命是什麼。找尋自己人生的使命，是每個人都必須面對的一件事，而這件事情沒有人可以幫你，你必須自己來。

唐僧每次介紹自己：

1. 貧僧唐三藏，

2. 從東土大唐而來，

3. 去往西天拜佛取經。

這幾句話包涵了每個人都要問自己的三個問題：

1. 我是誰？

2. 我從哪裡來？

3. 我要到哪裡去？

清楚自己是誰，從哪裡來，要到哪裡去，清晰規畫自己的人生路，不管路上有多少艱難和誘惑，都動搖不了決心，於是他成

功實現了目標！

　　我是誰？我是個一事無成的人嗎？曾經我一事無成，過著挖東牆補西牆、每天跑三點半的日子；如今我奮發向上，擁有的食材事業逐步擴展，成為數千位孩子的食安守護天使，也創立了文教事業，帶領更多人從平凡到卓越，讓大家也能成為手心向下，用一己之力為社會貢獻的人。

　　我是誰？我是個爛泥扶不上牆的人嗎？現在的我，經常參加公益活動幫助了許多人，也創立多個學習型組織、社團，邀集有志之士共同成長，一起成就更多的生命改變。

　　原來，我不是那個我自以為「不怎麼樣」的我；原來，我可以是一個各方面都能做得很好的優秀人才。雖然我都說我的人生四十歲才開始，但學習本就是一輩子的事，今天我體悟了，未來我就改變了。任何時刻只要肯改變，你的生命馬上就改變！

　　常有人問我：「你是哪裡來的這麼多動力與熱情？」

　　我會回答：「因為我的命是老天留給我來幫助更多人的。」

　　我把我的身分放在最上層：使命、願景。

　　NLP 的理念是：你好、我好、大家好！

　　當我持續做著利人、利己、利世界的事，就會有源源不絕的動力。

我是黃智遠，我是熱愛生命、享受生活、樂於分享的人！

我承諾創造熱情、關懷、有愛的世界！

以身作則、自助助人、發揮正向影響力！

你呢？你是誰？

♦ 第五課：你成為你所想

常常有學員說：「我做不到！」我總是笑著回答：「是的，你做不到！」

學員往往看著我，覺得我應該要鼓勵他，怎麼會說他做不到？接著我說：「不論你認為自己做不做得到，你都是對的！」

我常跟學員分享，人一輩子都在證明自己是對的！

認為自己做得到，你是對的！

認為自己做不到，你也是對的！

認為自己會很有成就，你是對的！

認為自己會一事無成，你也是對的！

有一條河流從遙遠的高山上流下來，經過了很多個村莊與森林，最後它來到了一個沙漠。它想：「我已經越過了重重的障礙，這次應該也可以越過這個沙漠吧！」

　　當它決定越過這個沙漠的時候，它發現它的河水漸漸消失在泥沙當中，它試了一次又一次，總是徒勞無功，於是它灰心了。

　　「也許這就是我的命運了，我永遠也到不了傳說中那個浩瀚的大海。」它喪氣的自言自語。

　　這時候，四周響起了一陣低沈的聲音：「如果微風可以跨越沙漠，那麼河流也可以。」

　　原來這是沙漠發出的聲音。小河流很不服氣的回答說：「那是因為微風可以飛過沙漠，可是我又不能飛過去。」

　　「那是因為你堅持你原來的樣子，所以你永遠無法跨越這個沙漠。你必須讓微風帶著你飛過這個沙漠，到你的目的地。只要願意你放棄你現在的樣子，讓自己蒸發到微風中。」沙漠用它低沈的聲音這麼說。

　　小河流從來不知道有這樣的事情，「放棄我現在的樣子，然後消失在微風中？不！不！」

　　小河流無法接受這樣的概念，畢竟它從未有這樣的經驗，叫它放棄自己現在的樣子，那麼不等於是自我毀滅了嗎？

　　「我怎麼知道這是真的？」小河流這麼問。

　　「微風可以把水氣包含在空氣之中，然後飄過沙漠，到了適當的地點，它就把這些水氣釋放出來，就會變成了雨水。然後這些雨水又會形成河流，繼續向前進。」沙漠很有耐心的回答。

「那我還是原來的河流嗎？」小河流問。

「可以說是，也可以說不是。」沙漠回答。

「不管你是一條河流或是看不見的水蒸氣，你內在的本質從來沒有改變？你會堅持你是一條河流，因為你從來不知道自己內在的本質。」

此時小河流的心中，隱隱約約的想起了似乎自己在變成河流之前，似乎也是由微風帶著自己，飛到內陸某座高山的半山腰，然後變成雨水落下，才變成今日的河流。

於是小河流終於鼓起勇氣，投入微風張開的雙臂，消失在微風之中，讓微風帶著它，奔向它生命中某個階段的歸宿。

我們的生命歷程往往也像小河流一樣，想要跨越生命中的障礙，達成某種程度的突破往目標邁進，也需要有放下自我的執著，選擇面對的智慧與勇氣，邁向未知的領域。

你怎樣看待自己，你就會成為怎樣的人，一個人內心想法往往會阻礙著我們改變，打破原本的信念才能讓自己不斷成長、改變，有時候要改變自己，就要先改變自己根深蒂固的想法。

不論你相信什麼？你都是對的！

失敗通常來自於你不相信自己做得到，若你覺得可以你就可以！**恐懼，是看見你不相信的；信念，是相信你看不見的。**

最終，我們都會變成自己心中所想的自己！

第六課：堅持的力量

　　這些成功人士你每一個都認識！但是你一定不知道，他們成名之前的日子這麼慘，是什麼改變他們的命運？現在看起來，他們都是萬中選一的人，但其實在你認識他們之前，過的日子不比你好，也沒有人知道他們能否成功。

　　「夢想」聽起來不切實際，當時他們受盡委屈，卻毫不動搖，所以即使身在低谷，都請也不要放棄自己的夢想！

　　看看他們的故事，給你自己「堅持」的力量！

　　自從吳宗憲給了一個工作機會後，周杰倫終於不用再去餐廳裡刷盤子了。

　　林書豪在 NBA 四處流浪，連續被幾家俱樂部橫掃出門。

　　李安畢業後六年沒有活幹，靠老婆賺錢養著。李安曾一度想放棄電影，報了個電腦班想學點技術，打打工補貼家用，他老婆知道後直接告訴他，全世界懂電腦的那麼多，不差你李安一個，你該去做只有你能做的事。後來，李安拍出了一些全世界只有他能拍出的電影。

　　有一天，洗車行裡開來了一輛勞斯萊斯，有一個洗車小弟非常欣喜的摸了一下方向盤，被客人發現了，客人搧了他一巴掌，告訴他：「你這輩子都不可能買得起這種車。」後來，這個洗車

小弟買了六輛勞斯萊斯，這個洗車小弟叫周潤發。

馬雲去肯德基應徵，結果他落選了。馬雲跟大老闆們講了講什麼叫電子商務，大老闆們得出一個結論，這人是個騙子。

他們在我們眼中光鮮亮麗，我們以為那是命運格外的眷顧，卻很少知道他們也曾遠不如人。也很少去想，他們的成功除了一些運氣以外，是靠他們不斷的努力與堅持，即使受盡委屈，也毫不動搖對夢想的堅持。

我也曾是個三分鐘熱度、什麼事都輕易放棄的人。為了鍛鍊自己的持續力以及堅持，我在 Line 上的「安迪教練＠正向分享圈」上持續 PO 文，每天一篇，持續到現在兩年半，累積了近三萬個好友，並且透過文章激勵了許多的人。每每看著大家在後臺跟我分享，透過文章的啟發，還有把文章當成是每天的精神食糧，讓他們生命開始改變，就讓我有源源不絕的動力！

過去我是一個對自己失望、對未來絕望、將自己人生過得一塌糊塗的人，我都可以將自己活得精彩，相信你一定也可以！

我期望未來三到五年，可以成立多元教育基金會，培訓更多志工老師，去教弱勢家庭以及偏鄉的孩子，讓他們找到屬於自己的天賦以及屬於每個人自己獨特的學習方式，讓學習能夠更有趣、更事半功倍，透過學習進而翻轉自己甚至家族的命運。

如果你現在正處於前期艱難的階段，看看以上這些例子，只

要堅持自己的信念，勇敢走下去，離成功也就不遠了！

生活，需要追求；夢想，需要堅持；生命，需要珍惜。

人生就像一場戲，不到落幕，永遠不知道自己有多精彩！

在書中，我一直提到改變，中國人有句話說：「牛牽到北京還是牛！」意思說人們的個性是很難改變的，也確實如此，但並非無法改變，只需要一些方法跟技巧，未來再透過較長時間的工作坊，以及體驗式練習，教給大家更多的心態、方法、技巧。假以時日您也能變成你想成為的人，過你想過的生活！

很高興這條路上有大家同行，要感謝的人實在太多，智遠就不在這裡一一感謝，同時，感謝所有的貴人朋友的理解，感謝在我生命中相遇的每個人，特別是支持、鼓勵和陪伴過我的人，感謝生命有您！

我是黃智遠，我是熱愛生命、享受生活、樂於分享的人！

我承諾創造熱情、關懷、有愛的世界！

以身作則、自助助人、發揮正向影響力！

老師簡介——黃智遠（安迪教練）

曾經事業與婚姻的雙重打擊，讓人生跌入谷底，心臟主動脈剝離歷經生死。然而就在這樣的生死關頭，讓智遠更加知道「生」的可貴，彷彿聽見上天給我的指示，不要辜負來世上這一遭。現在的我，因著找到了天賦與使命，除了擔任多個事業負責人，也創辦多個社團與教育事業，事業的背後，是要對人們帶來更多的貢獻。

每個人都有獨特的天賦，也應該找尋及發揮天賦。如果這輩子我們能善用自身獨特的天賦與熱情來完成我們的工作，那麼每天將是順心美好的日子；我深信每個人都可以透過專業探索，找到屬於自己的「天命」，讓生命不費力的感到精彩與成就。

每顆石頭都蘊含著美麗的寶礦在裡頭，每一種礦石的特性不同，一個好的雕塑師，能將礦石打磨得更加燦爛更加動人。我深信每個人都是自己的雕塑師，用對方法找好工具，就能把自己最擅長最耀眼的寶礦展現出來，每個人都有屬於自己的鑽石。

如今，智遠強烈體認到「天生我才必有用」，我知曉人生最大的富裕，除了外在物質上的財富，還有內在心靈的滿足，而這些都跟自己的天賦與天命息息相關！

我期望能讓所有人都擁有快樂的生命，協助大家學習栽培自己、發掘天賦，「成為生活更容易、更快樂且更富足的人」。

📖 **基本資料**

【現任】

- 中華華人講師聯盟公關行銷委員會副主委
- 桃園市曼哈頓藝術教育協會副理事長
- 桃園市陽光幼教協會總幹事
- 中華開創多元教育協會創會理事長
- 安迪教練正向分享圈創辦人
- 卓越 ing 講師研修會創會會長
- 桃園開創學習社創社社長
- 田欣餐點食品廠顧問
- 毅動實業有限公司總經理
- 毅林文教有限公司執行長

【認證】

- Reiki 臼井靈氣三階治療師
- 美國 ABNLP 神經語言程式學專業執行師
- 美國 NGH 催眠師協會催眠執行師
- 英國 Tony Buzan 心智圖法國際認證管理師
- 英國 Discus 行為風格國際雙認證導師
- 中國同理心的力量認證導師
- 皮紋天賦特質分析分析師

【我的座右銘】

以身作則、自助助人、發揮正向影響力。

【我的人生使命】

啟發人們創造生命價值、做對社會有貢獻的事。

【著作】

《18 歲的禮物：三位不同典型的青年創業家寫給你們的
溫馨叮嚀》（布克文化）

《贏戰高峰：職涯成功八大祕笈》（布克文化）

【演講邀約聯絡資訊】

臺灣電話：0910-397-085

大陸電話：158-8960-9676

FB：黃智遠（Andy Huang）

Line ID：0910-397-085

微信：andyhuang6963

Email：andy6963@msn.com

安迪教練@正向分享圈　　新書發表、課程、講座資訊

贏戰高峰
職涯成功八大祕笈

作　　　者／丁志文、王俊涵、王證貴、吳玫瑭、吳美玲、林美杏、黃智遠、謝秀慧
統 籌 編 輯／黃智遠
美 術 編 輯／孤獨船長工作室
責 任 編 輯／許典春
企畫選書人／賈俊國

總　編　輯／賈俊國
副 總 編 輯／蘇士尹
編　　　輯／高懿萩
行 銷 企 畫／張莉榮・廖可筠・蕭羽猜

發　行　人／何飛鵬
出　　　版／布克文化出版事業部
　　　　　　臺北市中山區民生東路二段 141 號 8 樓
　　　　　　電話：(02)2500-7008 傳真：(02)2502-7676
　　　　　　Email：sbooker.service@cite.com.tw
發　　　行／英屬蓋曼群島商家庭傳媒股份有限公司城邦分公司
　　　　　　臺北市中山區民生東路二段 141 號 2 樓
　　　　　　書蟲客服服務專線：(02) 2500-7718；2500-7719
　　　　　　24 小時傳真專線：(02) 2500-1990；2500-1991
　　　　　　劃撥帳號：19863813；戶名：書蟲股份有限公司
　　　　　　讀者服務信箱：service@readingclub.com.tw
香港發行所／城邦（香港）出版集團有限公司
　　　　　　香港灣仔駱克道 193 號東超商業中心 1 樓
　　　　　　電話：+852-2508-6231 傳真：+852-2578-9337
　　　　　　Email：hkcite@biznetvigator.com
馬新發行所／城邦（馬新）出版集團 Cité（M）Sdn. Bhd.
　　　　　　41, Jalan Radin Anum, Bandar Baru Sri Petaling,
　　　　　　57000 Kuala Lumpur, Malaysia
　　　　　　電話：+603-9057-8822 傳真：+603-9057-6622
　　　　　　Email：cite@cite.com.my
印　　　刷／卡樂彩色製版印刷有限公司
初　　　版／2018 年（民 107）5 月
售　　　價／300 元
Ｉ Ｓ Ｂ Ｎ／978 957 9699 14 3

城邦讀書花園　布克文化
www.cite.com.tw　www.sbooker.com.tw